AF448786

Ercilio Vento Canosa
Yaniuska Ortiz Junco
Esteban Grau González-Quevedo

•

# EL GOLPE MILAGROSO

## DESCUBRIMIENTO DE LAS CUEVAS DE BELLAMAR

Ercilio Vento Canosa
Yaniuska Ortiz Junco
Esteban Grau González-Quevedo

·

# EL GOLPE MILAGROSO

## DESCUBRIMIENTO DE LAS CUEVAS DE BELLAMAR

Primera edición, 2022

---

Vento Canosa, Ercilio
El golpe milagroso: descubrimiento de las Cuevas de Bellamar /
Ercilio Vento Canosa; Yaniuska Ortiz Junco; Esteban Grau
González-Quevedo. - 1a ed. - Ciudad Autónoma de Buenos Aires:
Aspha, 2022.
122 p.; 22 x 15 cm.

ISBN 978-987-3851-36-0

1. Historia. 2. Patrimonio Natural. 3. Patrimonio Cultural. I. Ortiz
Junco, Yaniuska II. Grau González-Quevedo, Esteban III. Título
CDD 972.91

---

Diseño y diagramación: Odlanyer Hernández de Lara

Imagen de tapa: Denis Blant, Sociedad Espeleológica Suiza.

Aspha Ediciones
Virrey Liniers 340, 3ro L. (1174)
Ciudad Autónoma de Buenos Aires
Argentina
asphaediciones@gmail.com
www.asphaediciones.com

IMPRESO EN ARGENTINA / PRINTED IN ARGENTINA

Hecho el depósito que establece la ley 11.723

Camino a las Cuevas de Bellamar, 1865 ▶

ASCENT TO THE CAVE.

# Proemio

Hay muchos motivos que explican la razón de este libro. La primera es la necesidad de dar a la luz un documento que reúna toda la información disponible relativa al descubrimiento de la Cueva de Bellamar y al papel desempeñado por la espelunca en la vida pública y cultural de la Atenas de Cuba; la segunda es dar noticia hombre que hizo posible la transformación del cristal en bruto de la enorme caverna en un centro turístico de referencia mundial. Ese hombre fue el gallego don Manuel Santos Parga, uno de los tantos inmigrantes que echó raíces en Cuba, fundó familia, murió en ella e hizo de esta tierra "su otra España".

Es justo decir que don Manuel no fue un espeleólogo en el exacto sentido de la palabra. Vio la posibilidad de invertir en un recurso natural, como hombre de empresa, si bien su visión del lugar transita entre lo utilitario y puramente mercantil, y el afán por ir allá a lo más profundo de la caverna, ese sentimiento que se apodera de quienes son presas de un encantamiento que se conoce como "el llamado de la oscuridad". El libro pretende también recoger cuanto se ha hecho por una generación fundadora de la Sociedad Espeleológica de Cuba y otra más joven de espeleólogos que exploraron y exploran Bellamar desde 1964.

De la mano de dos personas, uno gallego de Lugo, el Sr. Domingo Teijido, presidente de la Sociedad Gallega de Matanzas, y la Sra. Rosa Elena Gallart, descendiente de catalanes, llega un vivo interés por rescatar esta historia, al tiempo que aportaron datos e informaciones recogidas en acuciosas investigaciones en archivos y bibliotecas. Generosos en todo, declinaron ser coautores de este libro cuando bien merecido lo fuera. La dedicación de ambos estudiosos puede rotularse de devota.

La Oficina del Historiador de la Ciudad de Matanzas sostiene el empeño de rescatar todo cuanto exista como patrimonio, sea documental, físico o no tangible. Cada enclave, cada construcción, cada texto recuperado tributa al edificio cultural de una ciudad que mereció ser concebida como "aquella que le faltaba al mundo". Los autores cumplen con el grato deber de reconocer el precedente investigativo de los Sres. Teijido y Gallart con quienes quedan obligados. Desde el año 2002, a través del "Proyecto Bellamar", con fotografías tridimensionales de las nuevas partes descubiertas en el Sistema Cavernario, se cumple un propósito que involucra a la Fundación Antonio Núñez Jiménez de la Naturaleza y el Hombre y a otros espeleólogos y artistas de la imagen de la Societá Speleologica Italiana y la Federatión Française de Speleologie, muy en lo particular a los Sres. Antonio Danielli y Michel Renda respectivamente. Una parte de las fotografías de los salones y galerías espectaculares de Bellamar se debe también a Roberto Buzzini de la Societé Suisse d'Speleologie, a Dave Bunnell y Kevin Downey, con la colaboración de Lisa Hall, todos de la National Speleological Society de Estados Unidos; a Galiano Bresan y Sandro Sedran, de la Federación Espeleológica Veneta.

Puede decirse sin temor a la hipérbole que bajo las bóvedas de Bellamar se han dado cita los más prestigiosos fotógrafos del mundo subterráneo y las imágenes captadas por ellos forman parte de un extenso documento gráfico ampliamente divulgado, lo que ha contribuido a que salte las fronteras de la Isla y aspire a ser, quizás sin mayor demora, un legítimo Patrimonio Natural de la Humanidad.

A todos ellos, muchas gracias.


Ercilio Vento Canosa
Historiador de la Ciudad de Matanzas

# Introducción

En un día impreciso de febrero de 1861, un operario que extraía piedras para un horno de cal en la finca La Alcancía, propiedad de Manuel Santos Parga, vio como de improviso la barreta con la cual golpeaba la roca desaparecía tragada por un agujero que recién acababa de abrir[1]. La que en breve sería conocida como la "Cueva de Bellamar", volvía al imperio de la luz luego de milenios de silencio y oscuridad.

Sobre este singular acontecimiento José Victoriano Betancourt escribió en 1862: "Don Manuel Santos Pargas[2] (sic) compró una pequeña finca, cerca de Matanzas y se dedicó de preferencia a explotar una cantera, con el objeto de hacer cal; estando uno de sus esclavos introduciendo una barreta para sacar un canto se le escapó esta de las manos y desapareció"[3]

Para la investigadora Martha S. Escalona es a partir de esta cita que se introduce el primer elemento de duda en cuanto a la identidad del personaje que descubre en realidad la espelunca, por cuanto estima vaga la referencia "[…] uno de sus esclavos […]".[4]

---

[1] Martha Silvia Escalona. ¿Quién descubrió la Cueva de Bellamar? *Matanzas. Revista Artística y Literaria*, Año VI, No. 1, enero-abril de 2005, pp. 59-51.

[2] Aparecerá escrito erróneamente Pargas en varias ocasiones.

[3] José Victoriano Betancourt. *Revista MIL*, Año 5, mayo-noviembre de 1947, p. 3. Cedido a la revista por José A. Trelles para su publicación.

[4] Martha Silvia Escalona. Op. Cit.

En la guía turística de la ciudad de Matanzas de 1863, Eusebio Guiteras expuso su versión del suceso:

> [...] el día 17 de abril de 1861, el dueño de aquellas tierras, extrayendo con sus trabajadores piedras para un horno de cal, supo que ha (sic) uno de estos se le había ido la barreta a una especie de pozo, y cuando quiso conocer la causa de aquel fenómeno, halló una inmensa cavidad en que la naturaleza, en silencio y por espacio de siglos había estado labrando un mundo de maravillas [...]"[5]

El que fuera Historiador de la Ciudad de Matanzas, José Ángel Treserra supuso que el descubrimiento se debió al propio Santos Parga y para ello ofreció una narración de los hechos a propósito de su trabajo titulado "La tragedia de Bellamar":

> [...] Aquellas obras habrían de durar dos años, por los que D. Manuel, aumentado las excavaciones de sus canteras para nutrir los hornos y dar cumplimiento a su contrata[6], contempló estupefacto el día 17 de abril de 1861, como se resquebrajaba el suelo bajo sus pies y se habría profunda grieta por donde la casualidad lo ponía en camino del descubrimiento de las famosas Cuevas de Bellamar"[7]

Todas estas referencias tienden a cuestionar la validez de la afirmación que sustenta la identidad del obrero descubridor como un asiático de los muchos que ya se ocupaban en las plantaciones y haciendas circunvecinas. Estas personas, si bien estaban sujetas a un régimen de trabajo cercano al de los esclavos, no compartían esta precisa condición como harto se ha pretendido, habida cuenta el maltrato y explotación de que fueron objeto. Además, se ha querido argumentar que el operario,

---

[5] Eusebio Guiteras. *Revista MIL*, Año 3, N° 1, abril de 1945.
[6] Se refiere a las obras del Teatro Sauto (MN).
[7] José A. Treserra. *Revista MIL*, Año 1, N° 6, septiembre 1ro de 1943, p. 14. Treserra equivoca la fecha del descubrimiento casual, ocurrido en febrero de 1861.

cualquiera que fuere, se vio obligado a recuperar el instrumento inmediatamente. No existe ninguna prueba documental de ello y los hechos ulteriores niegan esta posibilidad que se ha sostenido para marcar cierto grado de dominio y explotación colonial, en detrimento de la verdad histórica. No obstante, la investigadora Escalona considera que don Manuel: "debió auxiliarse de guías que condujeran a los visitantes en su excursión y uno de ellos fue ese chino cuya barreta se le escapó de las manos aquel afortunado día de 1861"[8] En el sustento de su hipótesis agrega la noticia de la muerte del asiático:

> A la respetabilísima edad de ciento cinco años, ha fallecido hoy en su domicilio de san Ignacio y san Rafael, el asiático Justo Pargas (sic), descubridor de nuestras famosas Cuevas de Bellamar […] en las que estuvo empleado como práctico de las mismas desde su descubrimiento hasta estos últimos días en que, rendido por el peso de los años, cayó enfermo para morir […][9]

Añade esta autora:

> Su muerte quedó asentada en el Libro de Defunciones del Cementerio San Carlos. El documento solo aclara que su entierro se llevó a efecto el día 12 y su domicilio exacto fue San Ignacio # 38. La causa de la muerte fue una hernia estrangulada. Un elemento discordante entre ambos documentos es el dato de la edad, pues mientras la prensa asegura que fueron 105 años, los doctores que firmaron el certificado de defunción aseveran que fueron 85.[10]

---

[8] Martha S. Escalona. Op. Cit.

[9] *El Moderado.* Jueves 11 de noviembre de 1915, p. 2, citado por M. S. Escalona. También citado como Justo Wong, nombre que durante años referían los guías de Bellamar.

[10] Martha S. Escalona. Op. Cit. En efecto, esta edad parece ser la más probable, pues en 1861 contaría con alrededor de 51 años, contra los 71 en el momento del descubrimiento de la cavidad, edad muy avanzada para acometer labores pesadas.

Lo cierto para la historia es que el 17 de abril de ese mismo año de 1861 es el momento en que don Manuel acompañado de otra persona se adentró en las profundidades de la espelunca y no la fecha del descubrimiento propiamente dicha[11]. Sus órdenes de ampliar la abertura y dar cuenta de la magnitud de la cavidad descubierta en su propiedad no habían sido cumplidas, sea porque el antro no invitaba a la incursión, o fuera porque del interior salía un vapor denso que retrajo cualquier intento de penetrar en lo desconocido. El hecho que Santos Parga hubiera decidido por sí mismo comprobar la naturaleza de lo que estaba bajo sus pies convierte al atrevido gallego en un explorador muy audaz si para ello empleó los medios a su alcance, que no eran otros que las velas de doble pabilo y algunas cuerdas de fibra vegetal.

Si ha de verse con justicia esta primera exploración, es preciso conceder a Santos la virtud del clarividente. Aun cuando se hubiera empleado en minas en su natal Galicia y el ambiente subterráneo no le fuera hostil, ver con anticipación todo cuanto podría hacerse para transformar la cavidad en un centro turístico requirió de imaginación, economía y fuerza de voluntad para llevarlo a cabo. El arrojo de este hombre quedó demostrado cuando en abril de 1961 una avanzada de la Sociedad Espeleológica de Cuba alcanzó el Salón de las Nieves, punto extremo oriental de la espelunca, al cual se accede luego de un penoso trayecto a rastras por la "Galería Escondida". Lo que pudo ser un descubrimiento de la Sociedad se trocó en el asombro de encontrar allí botellas y recipientes que don Manuel llevó consigo un siglo antes en una de las tantas exploraciones de la caverna. Esta osadía habría de poner en peligro su vida y la de sus acompañantes cuando quedaron completamente a oscuras en un estrecho conducto, en la travesía hacia el exterior.[12]

En poco menos de tres años se realizó la adaptación de dos sectores de la cavidad para un recorrido cómodo, un

---

[11] Pudo haber sido su hermano José María, pero se ignora la identidad del acompañante.

[12] En las múltiples exploraciones hechas en este sector de Bellamar se ha podido comprobar que don Manuel recorrió la espelunca en su casi totalidad, incluso en la estrechísima y compleja "Galería de Sal Si Puedes", punto en el cual solo la extrema restricción del espacio físico para avanzar pudo detenerlo.

kilómetro en total, al punto de convertir la caverna en la meca para el turismo que procedente de los Estados Unidos visitaba la Isla. En 1865 el New Harper's Monthly Magazine de Nueva York publicó un extenso artículo con grabados, el primero en inglés y el extranjero hasta donde se conoce.[13] Samuel Hazard en su libro *Cuba a pluma y lápiz* sentenciaba: "quien no ha visto las Cuevas de Bellamar no ha visto a Cuba".[14]

Llama la atención que, en sus más de 160 años de explotación continua, son pocas las intervenciones que han debido realizarse sobre lo que ya había hecho don Manuel. Salvo lo que se refiere al mejoramiento de las escaleras, pasamanos, electricidad y ventilación forzada, el diseño estructural no ha sido cambiado. La solidez de la obra está demostrada si a ello se añade que durante siglo y medio la espelunca ha recibido la incursión de miles de visitantes sin que existiera ni exista una medida para regular la carga óptima de personas que puede permitirse por día sin riesgo de deterioro irreversible para el frágil medio cavernario; la Caverna, es forzoso decirlo, ha estado siempre en la preocupación de los espeleólogos, mas no necesariamente de quienes en el tiempo la han administrado.

La contemplación del paisaje subterráneo entraña para el neófito una mezcla de misterio y maravilla. Lo primero, por la condición misma del entorno, donde priman lo oscuro, lo cerrado y lo desconocido, sin obviar los presuntos múltiples peligros que pueden derivarse de la incursión misma. Lo segundo, por ser casi inexplicable el modo en que el agua teje el encaje de la piedra lleno de belleza, a veces hasta un tramado submilimétrico. En el espectador se opera un sentimiento de asombro y recogimiento ante lo solemne, como cuando se entra en una catedral. El turismo, siempre profanador, disipa en el número y la concurrencia la interrelación del hombre con el espectáculo. De lo anterior se deriva el riesgo de exponer las maravillas subterráneas al uso público. Con gran dificultad es posible lograr un equilibrio entre la conservación y la explotación.

---

[13] La reproducción de los salones y algunas formaciones de las Cuevas están exageradas o se acomodaron a la fantasía del artista. Con todo, tienen el mérito de la ocasión y la originalidad. El interesante documento fue obsequiado al autor por el Dr. Russel Gurnee, de la National Speleological Society.

[14] Samuel Hazard. *Cuba with pen and pencil.* Harford Publishing Company, 1871.

En el caso de Bellamar se presentan varias circunstancias que le aportan singularidad: la ya dicha antigüedad como lugar turístico, su primacía como variante dirigida a lo natural, la belleza y calidad geológica de sus espeleothemas[15] que colocan la espelunca entre las más bellas del mundo excavadas en caliza, los muchos visitantes prestigiosos que han estado bajo sus bóvedas, y su estrecho vínculo con Matanzas y con el Teatro Sauto (MN), uno de los coliseos artísticos más importantes y emblemáticos de Cuba. La cal necesaria para la fabricación de este importante escenario cultural de la Atenas de Cuba fue contratada a Manuel Santos Parga por el arquitecto del inmueble, el italiano Daniel Dall'Aglio, de modo que indirectamente a causa de la construcción del edificio se descubrió la caverna. La primera tesis doctoral que tomó por tema una espelunca y la desarrolló de modo integral fue la del Dr. Antonio Núñez Jiménez a propósito de la investigación científica sobre la Cueva de Bellamar,[16] de manera que el subterráneo se ha constituido por derecho propio en una de las más importantes cavidades cubanas con trascendencia internacional.[17]

Es oportuno explicar los términos de una clasificación espeleométrica que permita la mejor comprensión de los conceptos que se manejan en relación con Bellamar. En primer lugar, aquello que se le considera "cueva", no lo es, dado que la extensión lineal total supera los tres kilómetros de conductos topografiados, por tanto, es una caverna[18], ahora conectada con lo que en realidad es una paleocaverna[19] con más de 25 kilómetros

---

[15] Término utilizado en la nomenclatura espeleológica para referirse a las formaciones cristalinas secundarias.

[16] Antonio Núñez Jiménez. *La Cueva de Bellamar*. Tesis presentada en la Universidad de La Habana para optar por el título de Doctor en Filosofía y Letras. Separata de la Revista de la biblioteca Nacional. 1952, 160 pp.

[17] La Dra. Carmen Álvarez Sánchez realizó sus tesis sobre La Cueva de Bellamar, pero sin llevar a cabo una exploración científica. *Las Cuevas de Bellamar*. Tesis de grado en Ciencias Naturales, presentada en octubre de 1928. El Dr. Antonio Núñez Jiménez comenta que se trata de un importante aporte para el mejor conocimiento de la cueva, pero contiene numerosos errores.

[18] Hasta 100 metros se considera una "gruta", de 100 a un kilómetro, "cueva", de 1000 a 10 000 "caverna", más de 10 000 "gran caverna".

[19] El sistema comprende un conjunto de varias espeluncas con origen geológico semejante, agrupadas en un espacio próximo de las unas con las otras.

explorados, por medio de fracturas y diaclasas que no es posible franquear por el hombre. Una parte importante de Bellamar, la situada en el sector oriental, se pierde en profundos lagos que enlazan con el manto acuífero. De esto se desprende que nunca ha sido posible alcanzar el término real de las galerías que darían fin al trayecto subterráneo. El dédalo de pasadizos, conductos y salones, incluso aquellos nunca vistos por el hombre, sería interminable.

La llamada "Cueva de Bellamar" pertenece a un sistema, pero es una unidad en sí misma, por tanto, el nombre de "Las Cuevas…" como se la suele designar en plural, es inadecuado. Tal equívoco procede de considerar cada galería o salón como una cavidad independiente. Lo correcto es denominar el conjunto total de las más de 90 espeluncas del área como "Sistema Cavernario de Bellamar". Hasta tanto no fueron descubiertas y topografiadas otras espeluncas cubanas, la caverna matancera ocupó la primera plaza del país por sus dimensiones, incluso cuando no habían sido explorados en su totalidad los sectores oriental y occidental.[20]

Como suele suceder con muchas cuevas cubanas, el imaginario popular le concede extensiones superlativas que toman cuerpo en la fábula. Así, no es raro escuchar que se afirme la conexión física entre Bellamar y las cuevas del Valle de Yumurí, hecho imposible por el origen geológico diverso entre la una y las otras. Hasta que no se realizó la exploración de la Sociedad Espeleológica de Cuba en 1949, se afirmaba que las galerías se dirigían hacia el mar, cuando en realidad cursan en dirección casi paralela a la línea de la costa.[21] En el "Baño de la Americana" o "de la Inglesa", la leyenda quiere que una joven de esta nacionalidad se hubiera ahogado o perdido en las presuntas profundidades de un lago de agua dulce que no tiene mucho más de 50 centímetros de fondo.[22]

---

[20] El Sistema Cavernario de Bellamar se encuentra en el registro internacional de las mayores cavidades del mundo.

[21] Así lo consignaba en su tesis la Dra. Carmen Álvarez Sánchez. Op. cit.

[22] Esta leyenda resultó tan atractiva para las jóvenes de otros países que, en el curso de sus visitas, y previa autorización, se han introducido en el Baño, devenido ahora "internacional".

Aun cuando la célebre caverna posee méritos estéticos sobrados para ocupar una plaza distinguida entre las cavidades cubanas, su valor mayor descansa en su arista cultural. Bellamar y Matanzas son términos estrechamente relacionados. El hecho de haber recibido la visita de miles de visitantes en su más de siglo y medio de existencia pública, permite explorar su impacto en la historia, tanto por los hombres y mujeres notables que se han dado cita en sus salones y galerías, como por las anécdotas que se han producido en este lapso. Entrar en estos relatos es recoger momentos de la vida matancera, las más veces desconocidos. No obstante, la relación de estas narraciones puntuales compone un cuerpo histórico mayor que justifica el texto monográfico. La compilación de las tradiciones inherentes a la espelunca, ausente de la terminología técnica, salvo aquella que fuera imprescindible, rescata para el gran público un patrimonio intangible de riqueza insospechada.

La emoción que suscita en el ánimo la incursión a Bellamar es diversa. Buena parte de ello puede medirse al leer los comentarios que se vertieron en los libros de visitantes. El poeta peruano José Santos Chocano estuvo en la caverna en 1913 y dejó plasmada sus impresiones en la poesía "La Cueva de Bellamar". Para el vate, la espelunca es el cuerpo de una bella virgen india muerta a manos de un cacique despechado en sus amores. El ánima condenada del homicida estaría vagando como un fantasma por los salones y corredores hasta el fin de los tiempos. En esta obra está contenido un verso que justifica el título elegido:

> "Siglos después, el golpe de un hierro milagroso,
> descubre tal encanto, perturba tal reposo:
> y la gruta va abriéndose, húndese en ella el sol
> y sube desde el fondo una escalera en caracol.
> Finge esta arquitectura fantástica y severa la catedral suntuosa que fabricó un misterio
> de agujas de diamante con lágrimas de cera;
> Y cuando en ella intérnase el sol, que en lo alto asoma,
> cada haz de estalactitas se volverá salterio y cada piedra blanca se volverá paloma"[23]

---

[23] José Santos Chocano. *Poesías.* Colección Panamericana. Nº 26. W. M. Jackson Inc. Editores. Buenos Aires, 1946, Segunda Edición, pp. 237-40.

Así es la Cueva de Bellamar, el resultado del golpe de un hierro milagroso, arquitectura fantástica, catedral suntuosa, historia, patrimonio, salterio y paloma.

Grabado del New Harper's Monthly Magazine de Nueva York.

# I. Manuel Santos Parga, el Colón de Bellamar

> "El Camino de Santiago no termina en su catedral
> ni en el mítico Finisterre [...] sino cruza el océano y
> continúa hacia América, a Cuba [...][24]

En 1822 las Cortes españolas acordaron poner veto a la emigración, mas esta se mantuvo en forma tal que el gobierno se obligó a claudicar. El 16 de agosto de 1853 emitió la Real Orden que autorizaba la libre partida hacia la América. No obstante, en lo que a gallegos respecta, este movimiento migratorio fue muy discreto, limitado a lo que pudo venir en las fechas del encuentro de los dos mundos y en los siguientes viajes de Colón[25].

Poco es lo que se conoce de don Manuel antes de su arribo a Cuba. Natural de Santa María de Viveiro, provincia de Mondoñedo, Galicia, nació en 1813. Sus padres fueron Baltasar Santos y Manuela Parga del Solar. Las búsquedas en su lar de

---

[24] Domingo Teijido y Rosa E. Gallart. *Gallegos en la Matanzas subterránea*. Ensayo inédito. 2011.

[25] Se equipara a don Manuel con Cristóbal Colón aludiendo al calificativo de este como "descubridor", cuando nada resulta más impropio, por cuanto Colón inauguró el primer y mayor genocidio de la historia americana al dar inicio al exterminio de los pueblos indígenas del continente.

origen no aportaron mayor información, al punto de carecer de la partida bautismal, documento que permitiría precisar el día y mes del nacimiento. Es de creer que su llegada a Cuba se produjo después que lo hiciera un hermano, quien ya para esa fecha tendría una familia establecida en la Isla de modo que pudiera garantizar cierta estabilidad económica para el recién llegado. Para 1861, cuando ocurre el descubrimiento fortuito de Bellamar, don Manuel cuenta 48 años y se presume que era ya un sujeto solvente.[26]

El ocho de marzo de 1859 Manuel Santos compró la finca La Alcancía; cuatro y medias caballerías en el término municipal de Santa Ana, pactadas al precio de tres mil pesos con Severino Caraballo, según consta en escritura pública del Registro de la Propiedad, en el folio 216 -vuelto-, tomo 340. Los terrenos calizos serán la fuente de la cal necesaria para las construcciones de Matanzas en momentos en que la situación económica favorece la inversión inmobiliaria; en otras palabras, el proyecto del dominio, entre otros posibles rubros, se avizoró rentable. Muy pronto este supuesto se confirmó en la práctica. La edificación de Teatro Esteban habría menester de cal para la obra y el arquitecto italiano Daniel Dall'Aglio recurrió al gallego para la contratación del material.

El 8 de enero de 1861 Manuel Santos Parga contrajo matrimonio con Josefa Agustina Verdugo de la Secada, de 19 años, natural de Tuy, Pontevedra, hija de Manuel Verdugo y María Encarnación Secada[27] con la cual tuvo cinco hijos: José Manuel (30 de noviembre de1861), Justo Francisco (4 de febrero de 1863), Ángel Benigno ((19 de septiembre de 1865), María Josefa Isabel (19 de noviembre de 1867) y María de los Dolores (12 de marzo

---

[26] Don Manuel Santos Parga era propietario o tenía intereses en otras fincas rústicas. Libros de hipotecas de fincas. Archivo Histórico Provincial de Matanzas. N° 16, Folio 49, Partida 137, Folio 395, Partida 1840, N° 17, Folio 78, Partida 400. En nota. Santa Ana L 4, Folio 235, N° 149 ,Y 1°. No se dispone de mayor información familiar, datos sobre sus ocupaciones en Galicia, o experiencia en algún oficio, salvo el haber laborado "en minas" en las cercanías de Matanzas, como le reconocen de continuo quienes dan las primeras noticias públicas sobre el acontecimiento. Las únicas minas -de cobre-, cercanas a la Ciudad son las ubicadas en el Valle de Yumurí.
[27] En algunos documentos aparece el segundo apellido como "Secada". Don Manuel era 29 años mayor que su esposa.

de 1869), esta última fallecida a los 13 años de edad. Al morir don Manuel en 1884, ya era viudo; Josefa había muerto el diez de febrero de 1882 con 39 años de edad a consecuencia de una cirrosis hepática.

Las fechas de nacimiento de los hijos han permitido disolver el equívoco afirmado con frecuencia de haber estado Santos acompañado del mayor, José Manuel, en la empresa exploratoria inicial. De ningún modo le pudo seguir uno de sus vástagos en esta incursión a la espelunca toda vez que el primero nacerá nueve meses después del descubrimiento de la caverna; por otra parte, no lo hizo solo, y es de suponer que en ese u otros viajes debió hacerse acompañar por un concurso más numeroso, sobre todo después de descritas las bellezas de la caverna.

Para entender con mayor propiedad el mérito de Santos Parga hay que valorar tres circunstancias: la decisión de conocer por sí mismo la naturaleza de la cavidad descubierta, el ánimo de explorarla hasta en sus más recónditos pasajes y la visión extraordinaria de ver todo aquel mundo, antes escondido, convertido en una empresa con futuro. Si algo hubiese que agregar a cuanto antecede, sería la cualidad filantrópica de arriesgar su capital a ciegas, pero con la certeza interior de estar revelando al mundo una de las obras de la naturaleza más espectaculares hasta ese momento conocidas. Con toda justicia se le ha llamado a don Manuel "el Colón de Bellamar".

El marco histórico en que se desenvuelve la exploración de Bellamar en el terreno de la espeleología coincide con el despegue intrépido de esta disciplina en Italia y Francia. La condición de ciencia es excesiva aún para designar lo que es el producto de la curiosidad permeada de riesgos. A esta vocación por el mundo subterráneo se le ha denominado, como ya se dijo, "la llamada de la oscuridad" y sería una tarea compleja explicar al profano la forma en que este impulso se genera en el intelecto humano, más allá de utilizar la espelunca como refugio eventual o templo. Faltará aún tiempo para que se sobrepase el concepto de la mera aventura para indagar en la génesis y, sobre todo, para entender que no se trata de la ciencia del espacio subterráneo, sino del agua o las fuerzas naturales que lo excavan.

En 1861 estos conceptos están muy lejos de ser conocidos en Cuba con argumentos científicos, de modo que para el arrestado gallego el primer impulso en su incursión está dado por la curiosidad, pero no aquella que se satisface con lo nimio y que se agota con las primeras fatigas y retos, sino la que persevera y se impone sobre las dificultades, incluso si en ello está implícito el riesgo de la vida. Este sentimiento es lo que distingue al espeleólogo del aventurero, aun cuando ignore las sutilezas de la física cavernaria, mas, destacando este mérito, no se puede adjudicar a don Manuel la condición de un hombre de esta ciencia. En Matanzas, por otra parte, ya existía la tradición de ir de romerías a las muchas cuevas que rodean la Ciudad. Hay noticia histórica de esta práctica desde los finales del siglo XVIII, y cuando el obispo Juan José Díaz de Espada y Fernández de Landa realizó su visita pastoral a Matanzas en 1804, uno de sus puntos de interés son las Cuevas de Simpson abiertas en las colinas al noroeste del lugar, las que visitó el 13 de febrero.[28] Por lo general, una de las atracciones de la localidad para los extranjeros fue este tipo excursión. En su ensayo sobre la Isla de Cuba, Alejandro de Humboldt se refirió a esta particularidad de Matanzas.[29]

Si esta no es una condición a destacar en Manuel Santos Parga, suficiente para adjudicarle un lugar entre los precursores de la ciencia espeleológica cubana, el hecho de prever todas las adaptaciones necesarias para acomodar el tránsito público en aquellas partes factibles para este menester, le concede el mérito del visionario. Hasta ese instante ninguna persona, cubana o peninsular, profana o erudita, había puesto tanto empeño, dedicación e interés en una cavidad subterránea. Se sabe que hubo de evacuar con bombas el agua de la caverna durante semanas.[30] No

---

[28] Eduardo Torres Cuevas. Selección, Introducción y notas a *Obispo Espada. Ilustración, Reforma y Antiesclavismo. Palabra de Cuba.* Editorial de Ciencias Sociales, La Habana, 1990, pp. 186-9.

[29] Antonio Núñez Jiménez. *Humboldt, espeleólogo precursor.* Reimpresión del INRA, 1960, 42 pp. Con respecto a la naturaleza cársica de Cuba, el sabio alemán dice: "...contiene también grandes cavernas cerca de Matanzas..." Por las fechas debe referirse a las de Simpson o la Eloisa, espeluncas visitadas con frecuencia por la población matancera.

[30] El espeleólogo Esteban Grau González-Quevedo estima que la parte del agua extraída procede de un sector situado después del "Entronque", por cuanto allí se encuentran las formaciones cristalinas típicas del crecimiento subacuático. En ninguna otra parte del tramo anterior existen estos cristales, indicadores de la existencia de un gran depósito líquido. La demora pudo

hubiera acometido tal empresa si no le fuera conocida de antemano la factibilidad de esta enorme tarea, toda vez que el lago vaciado no forma parte del acuífero regional del sistema. Percibir esta diferencia dada por la cota de altitud del nivel de las aguas habla del inmediato entendimiento del hombre con la espelunca y un conocimiento del tema.

José Victoriano Betancourt dejó una semblanza de don Manuel y del inicio de las obras a partir del descubrimiento:

Es el caso que como Pargas (sic) viese que el mayoral no obedecía sus órdenes ya corridos dos meses, un día se fue él con la gente al punto en que había desaparecido aquella (la barreta) ordenando se trabajase allí; y apenas se había abierto un espacio de poco más de una vara, salió por el agujero practicado una gran corriente de aire repugnante de olor; caliente y como humoso; no retrajo a Pargas eso, sino antes por el contrario, continuando el trabajo pudo convencerse de que aquello era la entrada de una cueva, y con un arrojo que rayaba en la temeridad siguió ensanchando la abertura y después aventuró un descenso empleando una escala que fue preciso alargar y en llegando a lo le pareció el suelo se encontró envuelto en tinieblas. Mas, como fuese él gran práctico en punto a minas, no se arredró y se propuso explorar la caverna, dominado sin embargo por la idea de que allí había algo: era Colón entreviendo el Nuevo Mundo [...][31]

Agregaba Betancourt:

A qué trabajos tan arduos y penosos tuvo que dar cima para hacer practicable la entrada de la cueva y su tránsito. ¡Cuántos meses, cuántos obreros y cuantos pesos empleados en esas obras! ¡Sobre mil toneladas de roca ha tenido que romper y extraer de la cueva! ¡Tres semanas

---

deberse a que la percolación alimentaba el depósito mientras este se intentaba vaciar, fenómeno común en el Lago de las Dalias. En todo caso, el agua evacuada nunca más volvió a llenar el espacio que ocupaba.

[31] José Victoriano Betancourt. *Descripción de la Cueva de Bella Mar en Matanzas*, Habana, Imprenta El Progreso, 28 pp. 1863.

empleó en desaguar el lago por medio de bombas! ¡Y todo eso sin saber si el costo sería fructuoso![32]

En cuanto a si sería o no útil todo aquel gigantesco esfuerzo, no hay que dudar que don Manuel tuviera una idea formada de lo que sería el más importante de los centros turísticos de Matanzas y de Cuba en su tiempo. En efecto, aún hoy impresiona el extraordinario movimiento de rocas que fue preciso para acomodar el tránsito interior. Los trabajos de ampliación de aquellos pasos bajos y restricciones se hicieron excavando los pisos sin alterar las paredes laterales, de modo que nunca se perdiera el efecto de la bóveda o del arco soportante. En otras partes se colocaron paredes de piedras sin argamasa para separar salones continuos, o se practicaron pozos equipados con escaleras para el acceso a los niveles más bajos. Donde fue preciso fueron dispuestas barandas sólidas o verjas de hierro que limitaran el acceso a las delicadas formaciones cristalinas.

Los tramos adaptados en la espelunca ocupan 750 metros hacia el este y alrededor de 200 hacia el oeste. Una observación cuidadosa permite apreciar la magnitud de las obras realizadas en esta primera fase que corresponde al último tercio del siglo XIX, al punto de poder separar con nitidez cuanto se hubo de hacer después. Don Manuel previó las factibilidades del acceso. Quizás hubiera pensado en una adaptación a largo plazo que llevara la incursión pública hasta el lejano Salón de las Nieves, pero nunca se hizo, así como tampoco en el Lago de las Dalias, cuya visión solo es posible luego de evacuar el agua del depósito. Sin otra alternativa, la adaptación al paso dañó varios cientos de metros de pared y estructura cavernaria cristalina. Por otra parte, el estudio de las partes útiles para las visitas se hizo sobre el concepto del recorrido lineal en todo lo posible. La propia orientación de la caverna propicia esta variante, pero don Manuel no se propuso acomodar toda la cavidad, sino solo aquellas partes que fueran meritorias de ello, conjugando los esfuerzos con los costos. Un recorrido público en toda la extensión habría sido fatigoso.

---

[32] José Victoriano Betancourt, Op. cit.

Toda esta obra y el acarreo de los materiales al exterior se hicieron a mano. En algunas galerías se han hallado herramientas de la época, rotas y abandonadas por los operarios. Si se tiene en cuenta que toda la preparación de la caverna se realizó con la luz provista por antorchas o velas de doble pabilo, el mérito de Santos Parga se hace indudable, tanto más como que debió distraer sus peones de las faenas habituales, con probable perjuicio de las labores de la finca, para destinarlos durante meses a las tareas ingenieras. Este detalle permite confirmar la visión del gallego en cuanto a saber útil todos los empeños: a la larga tendría recompensa en ello. El tiempo y los hechos le darían razón.

El Guardián de la Cueva, grabado del del New Harper's Monthly Magazine de Nueva York.

# II. Propietarios, iniciativas, primeros visitantes y obras

La primera referencia sobre la Cueva de Bellamar aparecida en la prensa la ofrece la sección Gacetillas del periódico matancero *La Aurora del Yumurí* correspondiente al 2 de junio de 1861, donde ya se refleja el impacto que la espelunca va operando en la población de la Ciudad. Este diario matancero sería su principal cronista:

> Cuevas. El entusiasmo por visitar las Cuevas va en crescendo (sic), en la tarde de hoy domingo sabemos que pasarán á (sic) visitarlas varios curiosos, amigos de observar los caprichos de la naturaleza; entre ellos va un geólogo, un químico, un médico, un farmacéutico, un poeta y un gacetillista. ¿Qué saldrá de este mosaico de curiosos observadores? Pronto lo sabremos y se hablará de las cuevas hasta por los codos.[33]

Se infiere por la lectura de lo anterior que a poco más de un mes y medio de descubierta Bellamar ya se producen

---

[33] *La Aurora del Yumurí*, 2 de junio de 1861, Sección Gacetillas, p. 2.

incursiones subterráneas, antes de que la espelunca tuviera las adaptaciones más convenientes. El propio hallazgo de la caverna, unido a los portentos que encerraba, era un atractivo natural en el seno de una población que no veía como actividad excéntrica la incursión subterránea. Fuera o no una costumbre, la curiosidad venía acentuada por la singular belleza del antro. Es de creer que no pocos de estos primeros visitantes llevaran consigo algunas muestras de los prodigiosos cristales de calcita, destruyendo en segundos lo que la naturaleza había tomado años en hacer. Se conoce que el propio don Manuel dispuso para la venta algunos fragmentos cristalinos, quizás residuos de las partes adaptadas u obtenidos de lugares seleccionados de la cavidad.[34]

La novedad de Bellamar comenzó a ser noticia frecuente en la prensa matancera. En enero de 1862, la Aurora del Yumurí reseñaba los más recientes acontecimientos que tenían relación con la espelunca. De estos textos se deduce que las vistas se producían mientras las obras se ejecutaban, de modo que el tránsito interior no estaba completamente acondicionado, proceso que se consumó hacia los finales de 1862;

> Cuevas de Bellamar. Su amable dueño nos dice que sigue arreglando todo lo interior de esas asombrosas cavernas y que pronto estarán alumbradas en los parajes más convenientes y salvando ciertos pasos con buenas y sólidas escaleras de madera.[35]
>
> "Cuevas de Bellamar. Estas maravillosas grutas continúan siendo visitadas por todos los extranjeros que llegan a nuestro puerto y por todos los que se recrean en admirar las bellezas naturales [...] También hemos sabido que dos caballeros, uno francés y otro italiano han hecho proposiciones de compra al dueño de la posesión para edificar en ella un hotel y una casa curativa [...][36]

Don Manuel debió haber recibido similares propuestas, mas era evidente que su visión en cuanto a lo que podía reportar

---

[34] Salvo excepciones, es norma ética actual no ofertar a la venta fragmentos de rocas o formaciones cristalinas en las cuevas dedicadas al turismo.

[35] *La Aurora del Yumurí*. Gacetillas. Jueves 10 de julio de 1862.

[36] *La Aurora del Yumurí*. Gacetillas. Martes 7 de enero de 1862.

la explotación de la caverna estaba en la certeza de obtener mayores utilidades a largo plazo que por una transacción puntual. El interés del propietario era manifiesto por encargarse en persona de atender a un público que muy bien podía ser conducido por sus operarios, ya debidamente instruidos. En su *Guía de las Cuevas de Bellamar*, Eusebio Guiteras informaba que: 'El mismo Sr. Parga, auxiliado de guías inteligentes conduce al viajero por su mundo subterráneo, dándole una grata impresión con su cuidadosa amabilidad [...] Su noble y bella esposa recibe a los visitantes con marcadas muestras de cortesía y agrado [...][37]

El 22 de noviembre de 1862 la Cueva de Bellamar inauguró las visitas públicas luego de la adaptación pertinente. Por extraña coincidencia, en fecha semejante, pero de 1884 don Manuel Santos Parga estaría recibiendo sepultura luego de los trágicos sucesos que determinaron su muerte. Incluso con las relativas limitaciones de la divulgación de la época, el centro ocupó de inmediato la atención y saltó las fronteras de la Isla. Como ya se dijo, la espelunca se convirtió en una de las mecas del turismo a Cuba en el siglo XIX y en la primera mitad del XX.

La sección Gacetillas de *La Aurora del Yumurí* fue la principal promotora de Bellamar incluso antes de la inauguración antedicha, lo que confirma las visitas antes de que la Cueva estuviera totalmente dispuesta para el ingreso con total comodidad. De hecho, cuanta noticia producía la espelunca era divulgada de inmediato en la prensa. Casimiro del Monte, el encargado de llevar estas crónicas añadía sobre lo anterior: "Este caballero (se refiere a Santos Parga) [...] se resolvió emplear como dos mil pesos en la composición y arreglo de aquellos subterráneos [...] Una garita como de cinco varas en cuadro señala la entrada, y por una escalera segura y provista de pasamanos se desciende como a la profundidad de unos 30 pies."[38]

El domingo 23 de noviembre de 1862 la prensa matancera informaba la apertura oficial de Bellamar. El anuncio estuvo publicándose durante 15 días, hasta el 7 de diciembre del mismo año: "Llamamos la atención de nuestros lectores del anuncio que en su lugar correspondiente publica el dueño de las maravillosas

---

[37] Eusebio Guiteras. *Guía de las Cuevas de Bellamar*. 1863, 27 pp.
[38] *La Aurora del Yumurí*. Agosto de 1862, nota de Teijido y Gallart, op. cit.

cuevas [...] las cuales pueden ser hoy visitadas con toda comodidad, costando la entrada un peso, por los muchos gastos que se han hecho en la grandiosa gruta."[39]

La nota en cuestión, que se asume como la fecha de la apertura pública oficial, luego de concluidos los trabajos de adaptación, era la siguiente:

> Sección económica: Las admiradas cuevas de Bella Mar (sic) se hallan expeditas para ser visitadas de los que gusten de ver y admirar las muchas bellezas que sus departamentos encierran. Su entrada será un peso por persona, siendo gratis los niños y un criado si lleva algún objeto para sus dueños. Los días que pueden visitarse serán los martes, miércoles, jueves y domingo, desde las 7 de la mañana hasta las 4 de la tarde. Se hallarán los guías y el alumbrado a disposición de los señores visitadores. Matanzas, 23 de noviembre de 1862. Manuel Santos Parga.[40]

Si bien se produjeron estas incursiones previas, antes de la habilitación total, la apertura al público con todas las facilidades despertó en la población la curiosidad natural que se experimenta ante lo nuevo. La cuantía creciente de personas no se hizo esperar: "En la mañana del domingo 28 visitaron muchas personas las célebres cuevas de Bellamar [...] y todos recibieron regalos de aquellas preciosidades, pues su dueño [...] obsequió a los *touristas* (sic) con una amabilidad digna de elogio"[41]

Los trabajos de habilitación de las nuevas galerías y salones continuaron después de la inauguración oficial. Un estudio detallado de estas posibilidades de ampliación lleva a pensar que

---

[39] *La Aurora del Yumurí*. Domingo 23 de noviembre de 1862

[40] *La Aurora del Yumurí*. Domingo 23 de noviembre de 1862. Sección económica.

[41] Adalio Scola. Gacetillas, *La Aurora del Yumurí*, diciembre 30 de 1862. Parece haber sido costumbre obsequiar al público visitante con fragmentos cristalinos extraídos durante los trabajos de habilitación. Esta práctica es hoy contraproducente y ninguna cavidad turística del mundo la lleva a cabo, no obstante, parece que con ello se buscaba evitar que las personas rompieran las partes más delicadas durante el recorrido. En el viaje que da motivo a la crónica está presente, entre otros, el Dr. Carlos J. Finlay, quién residía en Matanzas por esta época. Su consulta estaba situada en la calle Río No. 62.

la primera parte dispuesta para el tránsito fue el sector oriental, hasta quizás la formación conocida como "la media naranja", antesala del Lago de las Dalias. Al menos hasta este lugar se advierte la remodelación de los pisos. La segunda etapa de los nuevos trayectos debió dirigirse hacia el oeste donde se encuentran los salones de Las Rejas, Las Esponjas y Los Enanos. En este sitio la formación cristalina, que está casi intacta hoy, alterna su blancura con otras de color rojo oscuro, producto de su mezcla con sedimentos terrígenos. En algunos puntos, la combinación produce un suave color rosado, solo alterada por las manchas de hollín, asunto que motivó el comentario en la prensa al respecto: "[…] estarán abiertas al público las nuevas galerías que han sido descubiertas […] dícennos que en una de las nuevas galerías se hallan estalactitas de distintos colores […]"[42]

En 1866 visitó Bellamar Samuel Hazard quien luego de ponderar las maravillas de la cueva y establecer una comparación con las de Mammoth, en Kentucky, Estados Unidos, agrega una importante noticia a propósito de las obras emprendidas en la cavidad:

> "[…] la primera vez que estuvimos en las cuevas, pasamos en ellas tres horas, saliendo por un pasaje diferente del que entramos, que sin embargo, desemboca en el mismo Templo Gótico, el único sitio alumbrado con gas, aun cuando me aseguró el muchacho (se refiere al guía) que pronto lo estarán todas las cuevas".[43]

La caverna estuvo bajo la administración personal de don Manuel hasta su muerte en1884. La herencia de la finca pasó a Justo Santos Verdugo quien prosiguió con la explotación de Bellamar. En 1888 el Dr. Manuel Álvarez Ragaña adquirió los terrenos que después vendió a tres socios en 1891. Estos fundaron la entidad García y Co., la cual se disolvió tres años más tarde y transfirieron la propiedad por venta a don Manuel González

---

42 Adalio Scola, op. sup. cit.

43 Samuel Hazard. *Cuba a Pluma y Lápiz*. Colección de Libros Cubanos. Cultural S.A. La Habana, Vol. VII, T. 2, 1928, p. 104. La caverna de Mammoth Cave-Flint Ridge a la que Hazard hace referencia es hoy la mayor del mundo, con más 700 kilómetros de desarrollo.

Farroso. Durante la Guerra de Independencia de 1897 los mambises quemaron la casa situada encima de la caverna y el gobierno, temeroso de que la espelunca sirviese como escondite de armas y personas, ordenó cerrarla, medida absurda, por cuanto, de haberlo querido, los insurrectos hubieran podido utilizar cualquiera de las más de 50 cavidades cercanas.

Según consta en los documentos consultados en el Registro de la Propiedad, en 1908 la administración de Bellamar ya estaba a cargo de don Gabriel Carranza y Sandino, quien luego la vendió a la Sociedad Anónima Raffloer Erbsloh Company, domiciliada en Villa Croston, Condado de Wistchester, Nueva York, cuyo representante en Cuba era Ernest Raffloer, natural de Alemania. En este lapso se introdujeron importantes cambios en la espelunca para mejorar el tránsito. En 1918, esto es, diez años después, el dominio se vendió junto con otras 16 fincas comarcanas, a la Compañía de Jarcias de Matanzas, bajo cuya administración se hizo la instalación de la luz eléctrica a cargo del ingeniero Francisco Bertrán y Alegret. También se excavó más tarde un pozo de ventilación provisto de una veleta, de modo que siempre estuviera orientado hacia el punto desde donde soplaba el viento e hiciera penetrar una corriente de aire hacia el interior. Esta obra desconoció los más importantes principios de la dinámica subterránea y tuvo un dañino efecto en la cristalización. El esquema de la circulación aérea de una cavidad obedece a particularidades más complejas de cuanto podría pensarse. Es evidente que en estos primeros veinte años del siglo XX no se conocían los factores dinámicos del aire interior en una espelunca. Contrario a lo que se supone, la ampliación o adición de aberturas al exterior no se traduce en un necesario aumento de la ventilación.

Algunos de los hallazgos paleontológicos realizados en el sector oriental de la cavidad, en lo particular el Salón de las Nieves, han puesto en evidencia la conexión con el exterior por esta parte, antes que por un probable movimiento sísmico Bellamar quedara totalmente aislada y convertida en una gigantesca geoda.[44] No obstante, los residuos de gases no respirables debían

---

[44] Existe prueba de este fenómeno y de grandes incendios ocurridos, cuando menos, cuatro milenios atrás. En algunas cavidades cercanas se hallan gruesos depósitos de ceniza con más de 100 metros de extensión, en tanto la caída de

haberse acumulado allí donde no tendrían ninguna posibilidad de renovación. Dos circunstancias colaboran en este proceso de ventilación: el manto acuífero del sistema, al cual se accede descendiendo hasta la cota de saturación, a unos 50 metros por debajo de la meseta, y la muy posible circulación por fisuras, de acuerdo con las leyes que rigen este movimiento. Lo cierto es que el aire interior en Bellamar es siempre respirable. La sensación de su falta que algunas personas sienten es completamente subjetiva.

El edificio actual sobre la entrada y la adaptación del acceso sustituyó aquella escalera de caracol que viera en su visita de 1913 Santos Chocano.[45] Se ha afirmado, y la lógica así parece confirmarlo, que la oquedad por la cual hoy accede el público, ensanchada convenientemente desde 1861, es la misma por donde escapó la barreta que abrió la espelunca a la superficie. La colocación del edificio actual es una obra de ingeniería bien calculada, por cuanto ocupa un sitio donde el espesor del techo no supera los dos metros. La bóveda en este punto ha sido suficiente para soportar una carga no pequeña. Cada una de las columnas del peristilo oprime el pavimento con una fuerza equivalente a 15 toneladas, cada una.

Llama la atención que a pesar de la complejidad que supone la admisión de grandes volúmenes de público, la única solución prevista fuera practicar el antedicho túnel de ventilación, en lugar de regular la carga de admisión de personas por día. Cabe suponer que durante los 56 años que duró la explotación iluminada con antorchas, velas y gas, la contaminación del aire interior con monóxido y dióxido de carbono fue lo

---

grandes estalagmitas en un mismo sentido indica la dirección predominante del sismo. Fecha tentativa del cataclismo está dada por el fechado de los huesos de murciélagos hallados en el Salón de las Nieves. Estos animales, entre otros, quedaron atrapados para siempre, lo que indica el cierre casi absoluto de la cavidad, lo que contribuyó al extraordinario proceso cristalográfico en una atmósfera de sobresaturación. Incluso hoy no es infrecuente observar que la temperatura del bulbo húmedo en el higrómetro supera la del seco, lo que significa que la humedad en el aire supera el 100 por ciento. El vapor de agua interior llega a precipitar en forma de fina "llovizna" cuando esto sucede.

[45] Sobre la boca abierta para el acceso público se edificó una construcción rústica, de modo que la "entrada del sol" a la que se refiere Santos Chocano puede ser una figura imaginaria del poeta.

suficientemente importante como para trastornar de modo irreversible el equilibrio fisicoquímico del desarrollo de las formaciones secundarias. Entre otros males, quedó para siempre la huella de los residuos del humo en las blancas estalactitas.

Aun con las premisas antedichas, la interacción inmediata entre los gases de la combustión y el carbonato de calcio, es suficiente para trastornar el equilibrio cristalográfico. Si la saturación de anhídrido carbónico en el vapor de agua es alta, nunca se formará una estalactita y el crecimiento de las estalagmitas quedará reducido a las coladas.[46] La gota cae del techo, pero no puede ceder el dióxido de carbono a un medio que no lo acepta, independientemente del volumen del caudal que ingresa en la cavidad. Cuando el aire interior adquiera suficiente acidez, o el agua de ingreso gane esta condición, todo el edificio cristalino se disuelve y destruye ante la inversión del proceso litoquímico que lo formó. Una cueva no es un ente vivo, pero en la dinámica de sus procesos internos llega a comportarse casi como tal.[47]

Durante el lapso comprendido entre 1939 a 1947 la entrada a Bellamar fue prohibida a consecuencia de la II Guerra Mundial. Durante este tiempo la espelunca pudo recuperarse de los cambios producidos por las visitas frecuentes. La reapertura coincidió con el arriendo por 15 años a los Sres. Maximiliano Zincke Rubine y Eladio Pérez Rivera. El plazo debía vencer el seis de junio de 1962, pero tras el triunfo de la Revolución la Cueva de Bellamar fue intervenida antes de esa fecha. El Sr. Pérez Rivera quedó a cargo de la administración del centro.[48]

Antes, en 1944, vista la importancia de Bellamar para el turismo y cuanto podría representar en adelanto de Matanzas y ante el cierre no bien explicado del centro, el Dr. José Agustín del Toro presentó a la Cámara de Representantes, una moción y

---

[46] Depósito en el piso, sin crecimiento en altura.

[47] Solo durante los primeros años de la administración de la Jarcia, el Hotel París ya había conducido 29 086 visitantes a Bellamar.

[48] El Sr. Eladio Pérez Rivera poseía fotografías originales de Bellamar en la época en que aún no existía el edificio actual sobre la espelunca, y los visitantes eran convocados por el toque de una campana. Estos documentos gráficos, en extremo valiosos, se perdieron luego del fallecimiento de Pérez Rivera; su viuda alegó desconocer su existencia.

proyecto de ley que dispusiera la adecuada administración de la cavidad integrada por diferentes actores públicos y de gobierno, en cuyo caso, el Ayuntamiento quedaría a cargo de todo cuanto fuera el manejo de la espelunca. En algunos de los párrafos de su argumentación el Dr. del Toro decía:

> POR CUANTO: Desde aquella fecha las Cuevas se abrieron al público que atraído por su belleza y en cantidades crecientes, las visitó hasta fecha reciente en que los poseedores de los terrenos donde se encuentra la entrada de las mismas, aduciendo motivos económicos, las han clausurado.
>
> POR CUANTO: El artículo 58 de la Constitución dice: el Estado regulará por medio de la Ley la conservación del tesoro cultural de la Nación, su riqueza artística e histórica, así como también protegerá especialmente los monumentos nacionales y lugares notables por su belleza natural o por su reconocido valor artístico o histórico.
>
> POR CUANTO: Según el artículo 88 de la propia Constitución "el subsuelo pertenece al Estado" y establece en el artículo 87 limitaciones a la propiedad privada por "motivos de necesidad pública o interés social".
>
> POR CUANTO: Debe declararse de utilidad pública e interés social y en condiciones de ser expropiada por el Estado, la parcela de terreno y edificio y anexos de la entrada de las Cuevas de Bellamar para que éstas sean abiertas al público, todo ello de acuerdo con el artículo 24 de la Constitución y la legislación vigente.
>
> POR CUANTO: El Estado para conservar y embellecer el lugar debe delegar en una comisión integrada por representativos de las fuerzas vivas y funcionarios públicos de la Ciudad de Matanzas, la que debe entender con la administración y gobierno de dichas Cuevas, facilitando la visita al público y realizando la propaganda turística correspondiente.
>
> El Representante que suscribe somete a la consideración de la Cámara la siguiente:
>
> PROPOSICION DE LEY:

ARTICULO I. Se declara de necesidad pública e interés social, con fines culturales, una parcela de terreno aproximadamente de diez mil metros planos que teniendo como centro el del edificio construido a la entrada de las Cuevas de Bellamar, está situada en la finca del mismo nombre, Término Municipal de Matanzas, procediéndose a su expropiación forzosa, así como también a la del edificio enclavado en la misma, con sus anexidades y pertenencias, de acuerdo con las disposiciones contenidas y pertenencias, de acuerdo con las disposiciones contenidas en las leyes que rigen la materia, y se establece una servidumbre de paso para el acceso a dicha parcela de terreno, así como también para la extracción y conducción del agua para el uso de las necesidades de la parcela expropiada, desde el pozo situado en las inmediaciones del lugar.

ARTICULO II. Se crea una COMISION LOCAL PARA LA ADMINISTRACIÓN DE LAS CUEVAS, formado por:

1. El Sr. Alcalde Municipal de Matanzas, como Presidente.
2. Un Profesor de la Escuela Normal de Matanzas, designado por el Claustro, como Tesorero.
3. Un Profesor del Instituto de 2da Enseñanza de Matanzas, designado por el Claustro como Secretario.
4. Un Delegado de la Comisión Nacional de Turismo.
5. Un Delegado del Sr. Gobernador Provincial de Matanzas
6. Un Delegado de la Sociedad "El Liceo" de Matanzas.
7. Un Delegado de la Sociedad "La Unión" de Matanzas
8. Un Delegado del Sr. Ministro de Educación Pública
9. Un Delegado arquitecto, designado por el Colegio local

ARTICULO IV. La Comisión fijará el precio de entrada a las Cuevas y cada mes ordenará que el 40% del producto de la recaudación se ingrese en la oficina Fiscal de Matanzas como beneficio para el Estado, ingresando a su nombre en un Banco de la localidad el resto para el pago de servicios de agua, luz, propaganda turística y demás atenciones en relación con la conservación y embellecimiento del lugar, pudiendo, si la cuantía de los ingresos lo permite dedicar el excedente a obras públicas de embellecimiento en la ciudad de Matanzas, con fines turísticos.

ARTICULO V. La Comisión formará su Reglamento y lo someterá a la aprobación del Sr. Ministro de Educación Pública, a quien se reserva la alta inspección.

ARTICULO VI. Se concede entrada libre a las Cuevas a escolares y estudiantes de los centros de Segunda Enseñanza y Superior cuando en el carácter de tales y acompañados de sus profesores las visiten con fines docentes y educacionales.

ARTICULO VII. Se concede un crédito de DIEZ MIL PESOS ($10,000.00) por una sola vez, para la reparación y mejoras del edificio situado a la entrada de las Cuevas de Bellamar y construcción del muro o verja que circunde la parcela expropiada con cargo a fondos del Tesoro no afectos a otra obligación.

ARTICULO VIII. – La Comisión se obliga a crear y organizar una Sala o Museo anexo, de Historia Natural, que se denominará "Don Carlos de la Torre".

## DISPOSICIONES TRANSITORIAS

PRIMERA: La Comisión se constituirá dentro de los treinta días siguientes a partir de la promulgación de la presente Ley, y dentro de los treinta siguientes a su constitución redactará y elevará la aprobación del Sr. Ministro de Educación, el correspondiente Reglamento.

SEGUNDA: Para el cumplimiento de lo que se dispone en la presente Ley el Estado procederá a iniciar la expropiación dispuesta en la misma dentro de los treinta días siguientes a su promulgación, concediéndose al Ejecutivo los créditos necesarios con cargo a fondos del Tesoro no afectos a otra obligación.

## DISPOSICIÓN FINAL

Esta Ley comenzará a regir desde su publicación en la Gaceta Oficial de la República, derogándose cuantas disposiciones legales se opongan a su cumplimiento.

Salón de Sesiones de la Cámara de Representantes, a los diez y ocho días del mes de marzo de mil novecientos cuarenta y cuatro."[49]

De cuanto antecede se deduce la importancia de que Bellamar tuviera un control con una intención que cumplía propósitos culturales, educativos y de conservación, cuyo cargo estaría en manos de la administración pública.

En una comparación con la Cuevas Howe, en Estados Unidos, el Dr. Mario Dihigo deploraba la situación de Bellamar y sobre este particular cuestionaba las facilidades ofertadas al público y el hecho de haber ignorado la propuesta de ley del Dr. del Toro:

Sin embargo, cuán desfavorable es para nosotros la comparación si se atiende al factor humano, si se tiene en cuenta el esfuerzo que se ha hecho en uno y otro sitio para hacer cómoda, limpia y confortable la visita a esos lugares [...] En las cuevas de Bellamar hay que hacer el descenso y el ascenso por medio de una escalera larga, incómoda y peligrosa, debido a la humedad, que siempre existe allí. Dicha escalera es especialmente molesta al regreso, cuando el visitante, fatigado por el ejercicio y por la rarefacción del aire, se ve precisado a realizar un esfuerzo que para muchas personas es excesivo [...] Basta situarse a la salida de la escalera y observar las facciones de los que van saliendo. Todos vienen sudorosos, pálidos, algunos desfallecidos y se desploman en los sillones del salón que da acceso a las cuevas [...] La visita a las cuevas no es una prueba de resistencia física. Debe estar dentro de las posibilidades de todas las personas, cualquiera que sea su edad y la impresión maravillosa que produce la grandiosidad del espectáculo no debe ser empañada por el recuerdo desagradable del retorno penoso y agotador a la superficie de la tierra. Comparando las cuevas Howe con las de Bellamar, llegamos a la conclusión que las nuestras han sido mejor dotadas por la

---

[49] *Revista Urbana MIL*, Año 3 Número 1, Abril de 1945.

naturaleza, pero menos acondicionadas por el hombre […] Es una pena que las cuevas de Bellamar que constituyen una verdadera atracción turística, tanto para el extranjero, como para los cubanos, permanezcan cerradas. La iniciativa del ex-representante Dr. José A. del Toro, consistente en la expropiación por el Estado no tuvo resultado positivo. Hay que creer que si la Compañía de Jarcias de Matanzas no la mantiene abierta al público es porque no le rinde provecho su explotación. Si las cuevas de Bellamar fueran acondicionadas de modo que presentaran un mínimo de comodidad, volverían a ser, con más razón que antes, una verdadera atracción turística."[50]

La *Revista MIL*, del Patronato Pro-Calles de Matanzas abundaba en la crítica a la situación creada, toda vez que la Compañía de Jarcias estaba velando más por su bolsillo que por la utilidad cultural de Bellamar. Debe entenderse que la arista de la conservación no estaba incluida.

MIL en varias oportunidades ha tratado en sus páginas el tópico de las "Cuevas de Bellamar". Ahora aprovechando el bello trabajo que antecede debido a la pluma fácil y ágil del doctor Mario Dihigo que pone de actualidad el olvido en que se encuentran las mismas, enviamos a los Dres. José Agustín del Toro y Héctor Pagés Cantón, nuestra felicitación por el conocimiento que tenemos del estudio, en colaboración, que han realizado para que las Cuevas de Bellamar sean del dominio público. Ellos estudiaron y el doctor Pagés ha presentado en la Cámara de Representantes una Ley en la que se trata de la expropiación de una parcela de terreno de la Cía. de Jarcia de esta ciudad, comprendiendo en la misma la boca de dichas cuevas. A nosotros nos parece dura la expresión; pero más duro nos resulta aceptar que una joya de la naturaleza permanezca oculta para el mundo. Si la Compañía propietaria mantuviera abierta al público las cuevas, no defenderíamos la Ley, pero no siendo así defendemos

---

dicha expropiación con el fin de que la curiosidad mundial satisfaga el deseo de conocerlas. A la Compañía no le resulta tenerlas abiertas al público porque no cubre lo que produce, la atención que necesita, pues el Estado debe abonar a su propietaria el importe de la parcela que expropia y las edificaciones anexas y entonces abrirlas al visitante y lo que produce invertirlo en la forma que establece la Ley a que hemos hecho referencia y que fue publicada en el número 1 del año 3 de esta publicación. Creemos que la propia dueña del terreno en que se encuentran las mundialmente conocidas Cuevas de Bellamar sea la primera en luchar porque sea Ley de la República la que trata de dicha expropiación. ¿Para qué el Estado ha gastado en la reparación de la carretera de las Cuevas la cantidad de veinte y ocho mil pesos? Suponemos que para que sirva de fácil acceso a las mismas, pero nunca para que se eche a perder por su falta de uso.[51]

Desde los primeros años en que la Sociedad Espeleológica de Cuba se insertó en la investigación de Bellamar, y luego con la creación de las Comisiones de Protección al Medio Ambiente, creadas tras el triunfo revolucionario de 1959, el interés por el cuidado de la cavidad fue permanente y creciente. Es forzoso admitir que la incomprensión de estos esfuerzos radicó en el desconocimiento de la historia y los valores de la caverna.

Resulta redundante insistir en la importancia de la Cueva de Bellamar por sí misma, sin necesidad de apósitos dirigidos a otras intenciones comerciales. Durante la década de los años 60 Bellamar comenzó a sufrir visitas masivas que llegaron a cuantificar ingresos de más de 1 000 personas en un domingo. El descanso de un día por semana era insuficiente para la ventilación del área a recorrer por el público, cuyo cálculo de aireación promedio es de 80 horas. La afluencia de turistas nacionales y extranjeros indujo a un cambio en el diseño turístico de la instalación, que pasó de tener una pequeña cafetería con ofertas de consumo inmediato y sin procesar, a la de un servicio gastronómico en mayor escala. Se construyó un restaurante con cocina adjunta,

---

[51] *Revista urbana MIL.* Año 4, No. 3 – 7.

se amplió el área de parqueo y empezó a diversificarse el propósito inicial, esto es, ver la espelunca, como un centro de esparcimiento, y no con gran peso en el consumo de alimentos.

Ninguna de las administraciones de estos años, o los siguientes en las décadas sucesivas de los 70 y 80 tuvieron la visión obligada de proteger la cavidad. Una rotura en la trampa de grasa del restaurante, unido a filtraciones en el drenaje de los albañales, introdujo durante 20 años, cuando menos, residuos grasos y fecales en el Salón Gótico, cuyo resultado fue el daño irreparable a las estalactitas y mantos, cubiertos por una costra negra que la percolación del agua no lograba disolver y aún persiste. El nivel de contaminación bacteriana en el interior de algunos salones alcanzó las 220 colonias de agentes patógenos por campo. El aire interior se hizo fétido y denso al estropearse, además, el limitado sistema de ventilación artificial, lo cual no impidió ni restringió el masivo e irresponsable acceso.

Este fenómeno, unido a la ampliación de los espacios de parqueo, tiendas, senderos, baños, parques y otras instalaciones gastronómicas, selló las superficies de infiltración, lo que significó la reducción sustancial de las aguas que alimentan el crecimiento de los espeleothemas en lugares tan importantes por su belleza tradicional como los salones de las Rejas y de las Esponjas. La escultura en bronce de una Virgen de la Caridad del Cobre, colocada por los primeros trabajadores de Bellamar, fue retirada y desapareció por constituir, según el encargado de ocasión "una desviación ideológica". En todo ello fue desconocida la sugerencia de la Sociedad Espeleológica de Cuba y las regulaciones de Medio Ambiente y Patrimonio. La impunidad de este daño fue y es una afrenta para la inteligencia de los matanceros.

El otro cambio importante se produjo en la carretera de acceso. A ello contribuyó la necesaria reparación del Ferrocarril Central, lo cual sustituyó el paso a nivel existente por una alcantarilla que salva la antigua carretera. La moderna ruta atraviesa por medio de calles de un reparto periférico, lo cual sacrifica la rapidez del acceso y la estética del paisaje; proporciona, además, incomodidad manifiesta para los vehículos. Este infeliz diseño arrojó al olvido la voluntad del Sr. Don Julián Hernández Campos, coronel del Cuerpo de Voluntarios, quien el 19 de agosto de 1874 dispuso por escritura pública la cesión gratuita de los terrenos al Ayuntamiento para que se constituyeran "para siempre" como *el camino a las Cuevas de Bellamar.*[52]

Luego de años de sufrir una explotación intensiva, inadecuada, desproporcionada y agresiva, la caverna se declaró Monumento Nacional por la Resolución No. 062 del 5 de junio de 1987, con grado de protección I; ostenta, además la categoría de Elemento Natural Destacado dado por el Ministerio de Ciencia Tecnología Medio Ambiente. El 24 de abril de 1996, la Resolución No. 140 dispuso el *abdemdum* que incorporó a Bellamar al conjunto de las espeluncas Jarrito y Gato Jíbaro dentro del status monumentario nacional con igual grado de protección en su calidad de Sitio Natural. Con ello se hacía justicia científica, al integrar lo que era parte de un todo que conserva en las áreas no visitadas una belleza extraordinaria y única entre todas las cuevas del mundo.

En los primeros años de la década de los 90, se incorporó a Bellamar la Fundación Antonio Núñez Jiménez de la Naturaleza y el Hombre, fiel seguidora de las ideas de su fundador y Presidente de la Sociedad Espeleológica de Cuba. Esta institución, además de aportar estrategias para la conservación, creó una sala de exposiciones con la historia de la cavidad y desarrolla hoy el Proyecto Bellamar, dirigido a agregar valores documentales, incrementar la utilidad turística del lugar, proteger la espelunca y la superficie sobre el Sistema bajo amparo patrimonial, así como reinvertir sus utilidades en propósitos de conservación de todo el conjunto de cavidades que abarca más de 25 kilómetros. Gracias a esta institución y la Sociedad Espeleológica de Cuba se ha logrado desarrollar uno de los más importantes planes de salvaguardia para una espelunca turística en Cuba. En ella empezó la proyección de imágenes en tercera dimensión, con fotografías de los salones a los cuales no se tiene acceso. Es la idea de llevar la caverna al hombre y no a la inversa, a la vez que educa y promueve un turismo consecuente con los valores genuinos del lugar. La 3D, como se conoce a este proyecto lleva al viajante a los secretos de Bellamar sin arriesgar el equilibrio interior de la espelunca.

---

[52] Antonio Núñez Jiménez, Op. Cit. p. 11.

Hoy la Cueva de Bellamar continúa siendo un punto de atracción indiscutible para la ciudad de Matanzas y uno de sus principales destinos turísticos. Se ha distribuido su carga de visitantes y la iluminación interior, en favor de regular el impacto humano y la temperatura interior. Hay un proyecto de conservación responsable que involucra diversos factores de la comunidad y al Gobierno del municipio. Los años de total abandono se han sustituido por una comprensión de la cabal importancia del sitio. Si hoy Bellamar es un destino turístico se debe a la caverna y no a los servicios colaterales que se puedan ofertar al visitante. La experiencia demostrada en otras espeluncas destinadas al turismo en el mundo, tales como Altamira, Castelana, el Corchia o Postumia Jama, afirman la necesidad de separar la infraestructura comercial o gastronómica del propio lugar donde se abre la cavidad, con el fin de que nunca se pierda la verdadera esencia de lo que se quiere mostrar, y de paso, educar, al visitante.

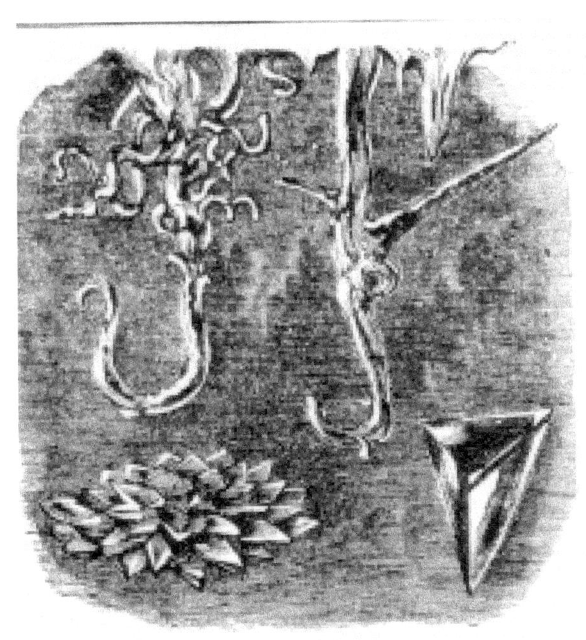


Grabado del New Harper's Monthly Magazine de Nueva York.

THE EMBROIDERED PETTICOAT.

Grabado del New Harper's Monthly Magazine de Nueva York.

# III. Exploraciones y primeros pasos

Si don Manuel Santos Parga fue el "Colón de Bellamar", la exploración de la Sociedad Espeleológica de Cuba llevada a cabo en 1949 y los años siguientes no tuvo menos mérito, no obstante no alcanzar en aquel momento los puntos más distantes de la espelunca que en 1861 ya el audaz gallego había visitado. Sobre la incursión a la Galería Escondida, Núñez Jiménez expone en su tesis de grado:

> A los 114 metros de distancia rectilínea del "Baño de la Americana" el rumbo hacia adentro es del SE1/4 E (101 grados), por el que avanzamos con grandes dificultades 30 metros más. El calor era ya tanto que junto a las infiltraciones la transpiración nos ha empapado las ropas. La estrecha galería sigue casi hacia el Este (85 grados). Aquí quedó el grueso de la expedición en la imposibilidad de avanzar todos. Rey Chilía y el que esto escribe avanzamos 70 metros más [...] la galería se estrecha aun más. Notamos peligro de derrumbes. El barro rojizo, muy mojado por las destilaciones, es tan blando que nuestros pies caminan con dificultad. Ya apenas podemos dar un paso más por la desintegración de la roca al contacto con nuestros cuerpos. Y retrocedemos hasta el punto donde

habíamos dejado a nuestros compañeros [...] Esta sección es, salvo el "Lago de las Dalias" la de más difícil exploración de toda la Cueva de Bellamar"[53]

En efecto, amplia discusión generó en años posteriores la exploración y posible incursión cierta a esta parte de la espelunca. El lunes 2 de marzo de 1863 el escritor vueltabajero José Victoriano Betancourt y Gallardo realizó una incursión al Lago de las Dalias según documentó en un polémico artículo el Dr. José A. Treserra en 1949.[54] Si Betancourt logró o no ver el depósito con sus espectaculares formaciones fue el punto crítico de la cuestión. A tal respecto decía Treserra:

> El referido lago no ha sido frecuentado debido a su altura y estrechez de sus entradas pero no por haberse perdido u olvidado su localización, puesto que los viejos guías de las cuevas (sic) conocieron siempre la existencia del mismo, y si no lo enseñaban a los visitantes era porque estos no estaban dispuestos a ensuciarse y romperse la ropa. En Noviembre (sic) de 1947, hubimos de señalar a los actuales guías la entrada que el humorístico Betancourt (Escolástico Gallardo) llamó "estrecho de quitacalzones" por el graciosos percance que hubo de sufrir".[55]

Este artículo motivó otro, redactado por Eduardo Rey Chilía y Antonio Núñez Jiménez:

> En cuanto a que los guías antiguos conocían el emplazamiento del lago le diremos que eso sería absurdo dudarlo, pero que los guías actuales se mostraron sorprendidos al leer su afirmación de que "no hace más de un año que los guías actuales entraron al desconocido lago en cuestión". Estos guías son los señores Juan Alonso, Manuel Alonso, Camilo Vázquez, José Adrián Alonso y Reinaldo

---

[53] Antonio Núñez Jiménez, Op. cit.
[54] Juan A. Treserra. Las Cuevas de Bellamar. *Periódico El Republicano*, Matanzas, sábado 16 de abril de 1949.
[55] José A. Treserra. Op. cit. Betancourt rompió sus pantalones al intentar el estrecho paso. Se los cosió la esposa de Santos Parga.

García, que nos aseguraron firmemente que a pesar de algunos de ellos estar trabajando desde hace 26 años en las cuevas (sic), jamás lo habían visto ("El Lago de las Dalias") y nunca nadie había podido decir con exactitud donde estaba situado.[56]

La pretensión era que Betancourt hubiera localizado, medido y descrito detalladamente el Lago, criterio que Treserra defendía, carente empero de una experiencia exploratoria que lo hubiera disuadido de su error. En respuesta al artículo previo de Rey y Núñez el historiador argumentaba: El escritor Betancourt, lejos de retroceder, permaneció junto al lago todo el tiempo necesario para hacer acuciosas observaciones que le permitieron escribir su magistral descripción.[57]

Betancourt describe este lugar de la siguiente manera:

La otra entrada al "Lago de las Dalias" se halla a tres varas de distancia: interrúmpese allí la cristalización coraloidea por una media naranja de cristal transparente, que tiene seis varas de alto por cuatro de ancho y termina en una abertura semicircular de una vara de longitud y latitud. Había para penetrar por allí al algo una escalera de mano de nueve escalones, la cual no llega a la abertura de manera que era necesario alcanzar esa entrada que dista una vara del último escalón, arrastrándonos como lagarto. Yo probé llegar a ella pero era imposible; la redondez y la lisura de aquella superficie, no presentaba asidero a mis dedos y mohíno y maltrecho tuve que bajar lamentándome de mi mala estrella; pero mi guía compadecido, me condujo por la otra entrada por la cual aunque con tanto peligro como dificultad me asomé al borde de aquel lago encantado.[58]

---

[56] Eduardo Rey Chilía y Antonio Núñez Jiménez. De la Sociedad Espeleológica de Cuba al Dr. Treserra. *Periódico El Republicano*, Matanzas, 22 de abril de 1949.

[57] José A. Treserra. "El Lago de las Dalias", *Periódico El Republicano*, lunes 25 de abril de 1949.

[58] Luís Victoriano Betancourt. *Descripción de la Cueva de Bella Mar en Matanzas*. Habana. Imprenta "El Progreso", 28 pp. 1863.

Esta otra entrada fue también descrita por Betancourt:

Subí, no, trepé, vestido con mi flux de casimir pero era imposible entrar con el paletó: el Sr. Ruiz que me acompañó hasta el punto en que era necesario entrar como una culebra, tuvo la bondad de quitarme el paletó y empecé a arrastrarme por aquel tubo de cristal; logré que entrara la primera mitad, mas la otra mitad no entraba y a los esfuerzos que hice para ello solté los calzones, de manera que puede decirse que largué el pellejo como verdadero majá; el amigo Ruiz que casi agachado presenciaba mi mala ventura se desmorecía de risa y me decía "está Ud. pasando por el estrecho de quitacalzones. [59]

En efecto, Betancourt nunca vio en realidad el Lago, sino que se asomó a su entrada, toda vez que este es un depósito completamente lleno de agua que es preciso evacuar mediante un sifón para apreciarlo y medirlo en sus dimensiones y forma verdaderas. Lo que Betancourt hizo fue asumir el dicho del guía. Sobre este particular, siempre en el terreno de la citada controversia, Rey y Núñez argumentaban con la autoridad que les daba el haber desaguado el Lago y penetrado en él:

Nunca negamos nosotros que Betancourt estuviera en la boca del "Lago de las Dalias", pero sí negamos que él estuviera en el propio lago. El mismo Treserra lo dice: "lejos de retroceder, permaneció junto al lago", es decir, NO RETROCEDIÓ (sic) desde su entrada, pero tampoco AVANZÓ (sic). Es como si Colón hubiera descrito el Océano Atlántico desde la costa europea, sin avanzar hasta América. Y decimos esto porque la disposición en que está encerrado el lago no lo hace perceptible hasta que sus aguas sean descendidas de nivel, como queda demostrado en el plano que levantamos del tan citado "Lago de las Dalias". Además el mismo Betancourt es bien claro en cierta parte de su descripción cuando dice: "aquejábame el calor y la sed, y nuevo Tántalo, ni la sed

---

[59] Luís Victoriano Betancourt. Op. cit.

ni el calor apagar podía, teniendo tan próximas aquellas aguas tan dulces, puras y cristalinas, cuyo frescor TAN CERCA DE MI SENTÍA (sic), es decir las aguas del lago estaban cerca de él, pero no había llegado a las mismas y mucho menos introducido su cuerpo a través de ellas, de ahí que las medidas que del lago brinda no sean no con mucho aproximadas; estas se las dictó el guía que sí llegó hasta las profundidades del lago. Y como no usó instrumento alguno para estas medidas, sino simplemente la apreciación visual, de ahí su manifiesto error. [60]

En lo que respecta a la Galería Escondida es preciso acotar que si bien es cierta su notoria incomodidad, no es imposible completar su tránsito, como así lo demostró la expedición de la Sociedad Espeleológica de Cuba el 17 de abril de 1961, lo cual no contradice que sea uno de los más difíciles trayectos exploratorios en Bellamar. Se alternan travesías de conducto altas, lo suficiente como para poder andar una persona erguida, con otros donde la altura disponible entre el techo y el pavimento cristalino no supera los 40 centímetros. Todo ello se suma a que, en efecto, existen partes muy bajas, de sección inclinada, con barro rojo muy viscoso, que se adhiere a las ropas y el calzado. El efecto térmico provocado por el esfuerzo en estas restricciones trae en consecuencia la pronta sudoración profusa y la sensación de calor se incrementa producto de la alta humedad, que supera el 97 por ciento. En estas correlaciones ambientales, la capacidad de soportamiento humano se reduce, excepto que el explorador esté lo suficientemente habituado.

De improviso la galería se alza y tras un corto ascenso de unos dos metros se llega al monumental Salón de las Nieves, que justifica su nombre por las blancas estalactitas, estalagmitas, mantos, columnas, helictitas y cristales. El aire cambia su densidad y se hace más respirable y fresco. Desde este salón parten dos sectores. Uno se prolonga por el lado norte, en líneas paralelas, mientras desciende en busca del nivel acuífero regional, con galerías y profundos lagos colgados. El otro sector sigue un rumbo hacia el este profundizándose suavemente mientras se

---

[60] Antonio Núñez Jiménez. Tesis doctoral. Op. Cit.

estrecha hasta poco más de 30 centímetros, lo cual justifica su nombre de Salsipuedes. El único modo de retroceder es con los pies por delante en el sentido del avance regresivo. Esta maniobra, además de incómoda por hacerse a ciegas, arriesga que, al golpear la frágil pared colmada de cristales, únicos en esta parte de la caverna, ocurra un desplome parcial y el espeleólogo quede sepultado en vida si no toma las precauciones necesarias, entre ellas, nunca explorar en solitario. En este punto de la espelunca se combinan dos realidades: la extrema dificultad del sector y el arrojo del cual hizo gala don Manuel Santos Parga para avanzar hacia lo desconocido con el único precario auxilio de débiles medios de iluminación.

Durante los años siguientes a 1963, el recién creado movimiento espeleológico en Matanzas condujo a nuevas y continuas exploraciones y descubrimientos. Se exploraron y topografiaron nuevos sectores, se estudió la contaminación ambiental, la red eléctrica, la presencia de microorganismos, la velocidad, humedad y composición química del aire; el impacto humano, la saturación del vapor de agua, el ritmo de cristalización, el manto acuífero y se profundizó al extremo en la investigación paleontológica e histórica.

La Cueva de Bellamar ha cumplido en materia de exploraciones un propósito que pocas veces se le ha reconocido: fue y es la escuela formadora de generaciones de espeleólogos, movimiento iniciado por el matancero Grupo Espeleológico Carlos de la Torre, uno de los más antiguos del país. En buena parte de Bellamar y las cavernas colindantes se aprendió a hacer de la aventura una ciencia. Entre 1967 y 1974 se realizaron descubrimientos de nuevos sectores de galerías que revelaron la enorme dimensión del Sistema.

En 1994 se extrajeron del interior de Bellamar más de cuatro toneladas de desperdicios a mano. En todos los años desde su descubrimiento jamás se había intentado una limpieza de este orden, que llevó a cabo el colectivo de miembros del Comité Espeleológico de Matanzas. Entre los residuos se recuperó una importante colección de objetos históricos que hoy forman parte de las salas de exposiciones de Bellamar, entre los que se encontraban las primeras bombillas utilizadas, soportes para las antorchas y herramientas.

A principios de 2000 el Grupo Espeleológico Félix Rodríguez de la Fuente realizó el hallazgo del llamado Quinto Nivel. Por encima de la Galería del Confesionario cursa una galería inundada que cuelga literalmente sobre las cabezas de los visitantes, y al cual se accede a través de un angosto conducto luego de una muy compleja maniobra. El lago, que si bien se parangona al de las Dalias, lo supera en riqueza cristalográfica y tamaño, con sus enormes flores de piedra, por fortuna intactas.[61]

Este Grupo logró, además, descubrir los sectores de galería de la caverna El Jarrito que prueban la continuidad física con Bellamar y el Gato Jíbaro, la enorme cavidad que linda por el norte el área cavernada, una parte ya explorada con seguridad desde el siglo XIX. Si bien es cierto que toda la extensión no puede ser recorrida de modo integral y de una vez sin salir al exterior, se puede afirmar que se está en presencia de una de las manifestaciones subterráneas más importantes de Cuba y el continente americano.

En los años posteriores a 2002 y en el marco del convenio con la Sociedad Espeleológica Italiana, se hallaron las evidencias inequívocas de la comunicación de Bellamar con el exterior en un pasado remoto al disponer sobre las fotografías aéreas planos muy precisos del Sistema y realizar estudios magnetométricos detallados. Bellamar estuvo abierta hacia el exterior, como se dijo, por dos de sus extremos. Hacia el oeste, confluyen en una gran dolina tres importantes galerías de las espeluncas principales, ahora colmatada por depósitos terrígenos. La distancia desde la superficie a la bóveda no excede de los cuatro metros, lo cual haría posible en un futuro no lejano el acceso a uno de los más bellos y complejos sectores del conjunto cavernario, sin dudas, uno de los sitios que concentra la mayor parte de las increíbles bellezas cristalográficas de todo Bellamar.

---

[61] Por una confusión que ya ha sancionado el tiempo, se llama Galería de Confesionario a la que debe ser Hatuey. Esteban Grau, Ivonne Vázquez y Abel Cruz. Tesis sobre la Cueva de Bellamar para aspirar a la categoría de nivel superior en espeleología. Escuela nacional de Espeleología, 2000, inédita.

Grabado del New Harper's Monthly Magazine de Nueva York.

# IV. Leyendas y anecdotario histórico

En el lapso de 150 años el cúmulo de anécdotas e incidentes que han tenido por escenario la Cueva de Bellamar y las espeluncas cercanas han sido lo suficientemente numerosos como para conformar un cuerpo histórico en sí mismo. Bajo las bóvedas de piedra de la célebre cavidad se han reunido figuras relevantes del mundo artístico, científico o político. Cantantes, poetas, ensayistas, escritores, militares, embajadores, príncipes, reyes, miembros de casas reales europeas, presidentes y ministros de diversas naciones del mundo, cosmonautas y guerrilleros; todos, o casi todos los personajes cubanos o extranjeros que han visitado la Atenas de Cuba, no han faltado a la cita con Bellamar. Han cumplido con ello el precepto de Samuel Hazard, al creer que no habían visto a Cuba, sin la visita a la caverna matancera. En el cercano aeropuerto que existía, el Pepe Barrientos, se dieron cita el Dr. Fidel Castro y el Dr. Mario Muñoz, en etapa previa al asalto del cuartel Moncada. Desde ese mismo lugar el comandante Ernesto Guevara supervisó un envío de armas a la guerrilla nicaragüense.

Hay acontecimientos naturales que no han ocurrido nunca. Ninguna mujer encinta ha dado a luz en el lugar; ninguna persona ha fallecido en el interior, luego de superar la pina escalera que conduce de regreso al cansado viajero a la luz; tampoco nadie ha sufrido un accidente. El 1º de enero de 1863 el obispo monseñor Francisco Félix Solans bendijo la Cueva de Bellamar en el Salón del Baile, llamado así por lo regular de su piso e impresionado por su belleza. A partir de ese instante se le empezó a denominar Salón de la Bendición. Cuatro bodas han tenido lugar en la espelunca: dos en el Salón Gótico, una en la entrada del Baño de la Americana y otra en el fondo del Salón de las Esponjas; ninguno de los matrimonios conservó la unión.

A pesar del desafío de peligros, necesarios en la empresa espeleológica, ningún explorador ha tenido que lamentar lesiones mayores y en las más críticas circunstancias han podido librar el lance con fortuna suficiente como para poder narrar lo ocurrido, aun cuando en la parte adaptada de Bellamar, la caverna no se presente como peligrosa. De hecho, excepto en la parte subacuática, no se requieren aditamentos espeleológicos sofisticados para la exploración, salvo los esenciales, como luces, guantes, casco y calzado resistente e impermeable.

Sin embargo, el primer incidente de importancia ocurrido en Bellamar pudo tener consecuencias fatales. Las exploraciones iniciales se realizaron sin ningún equipamiento idóneo. Lo más cercano a los medios de progresión subterránea eran los propios de los mineros, pero el movimiento dentro de una mina es bien distinto de aquel que se realiza en una cavidad natural, en la cual se presentan obstáculos imprevistos que no siempre es posible superar. Don Manuel Santos Parga tenía alguna experiencia en este tipo de trabajos, pero es de creer que, dadas las características de los yacimientos minerales en las inmediaciones de Matanzas, la aventura subterránea del gallego se redujera a las incursiones que pudo eventualmente realizar en algunas de las espeluncas abiertas en su propiedad.

Durante los finales de la década de los años 60 se produjeron diversos descubrimientos que ampliaron la dimensión conocida en la caverna Gato Jíbaro, enorme espelunca situada al norte de Bellamar y parte ella misma del Sistema. Lo que se creían nuevos espacios revelados por la investigación no eran sino rutas ya vistas por otros exploradores en el siglo XIX.[62] No

---

[62] Nunca se ha sabido a que ignoto explotador pertenecían los objetos, ni quién o cómo se condujo hasta allí al animal.

sería del todo errado suponer que el propio don Manuel hubiera realizado algunas de estas incursiones, visto su arrojo más que temerario cuando se descubrió Bellamar. Con sobrada razón podría creerse que alguna práctica tenía en aquello de andar las espeluncas; al menos, la seguridad no le faltaba. Se presume que, a partir de esta vocación, Santos Parga tuviera los rudimentos técnicos elementales para adentrarse en una cueva. Sin que sea posible afirmarlo, se puede aventurar que Bellamar no fue la primera de las espeluncas que visitó el gallego, visto, como se ha dicho, el gusto de los matanceros por esta actividad.

En 1968 el Grupo Espeleológico Carlos de La Torre descubrió un estrecho pasadizo en lo que se pensó fuera el final del ramal principal del Gato Jíbaro. Pasada que fuera la estrecha restricción de poco más de 40 centímetros de alto, se accedió a la parte desconocida de esta espelunca: una galería que se prolongaba, casi sin derivaciones laterales, siempre hacia el este, con salones de 300 metros de largo, 10 de alto y otro tanto de ancho, terminado el cual, después de un pequeño salón, se encontraron dos clavos, un martillo y el esqueleto de un pequeño perro, aún cachorro cuando murió, sin que se conozca quienes o cuando accedieron al lugar. La dificultad para acceder a este parte de la cavidad hizo suponer la existencia de alguna otra vía de acceso no conocida. Ninguna de las muchas expediciones de búsqueda del presunto conducto prosperó.

La caverna cambia en un punto su morfología que, si bien forma parte de la Paleocaverna, no se ajusta al patrón típico de Bellamar, cuya pared y techo de la parte norte se encuentra inclinada en un buzamiento de 28.9°. A partir de cierto cambio de nivel, la espelunca se interseca con profundos lagos freáticos hasta concluir en un largo sifón, que en 1969 fuera explorado por espacio de 500 metros en una incursión del todo osada y temeraria.

En cuanto a don Manuel, hay prueba suficiente de la magnitud de su exploración. El hecho de alcanzar los lugares más remotos de la cavidad demuestra que, detrás del interés económico que podía avizorar estaba la pasión por revelar lo incógnito. El obstáculo para el cumplimiento de este propósito está en los medios y en esta segunda mitad del siglo XIX no hay otros implementos que los comunes ya dichos: antorchas, fósforos y velas de doble pabilo.

El trance más delicado le ocurre al primer grupo explorador al regreso desde el Salón de las Nieves, en la angosta, empapada e incómoda Galería Escondida. Producto del húmedo ambiente las velas se fueron apagando una tras otra. Al pretender encenderlas de nuevo, ya inmersos en densas sombras, comprobaron que los fósforos estaban igualmente humedecidos. La oscuridad era absoluta.

La única ventaja del sector que transitaba el grupo era su linealidad, esto es, solo se podía avanzar o retroceder, por ello el riesgo de extraviarse al entrar en un conducto equivocado no existía. Sabedores de esta condición, los exploradores iniciaron un lento avance a tientas y a rastras, lastimándose con las asperezas y cristales, tropezando y palpando cada centímetro de la incierta ruta. Agotados, se detuvieron a esperar el advenimiento de una muerte por inanición.

Entretanto, afuera la expectación crecía. La demora superaba ya lo habitual. Los exploradores habían entrado en la mañana y a la noche no se tenía noticia de ellos; en consecuencia, solo restaba suponer que algún grave suceso estaba en curso. Vistas estas expectativas, doña Josefa Verdugo de la Secada, la joven esposa de don Manuel, organizó una partida de rescate. Que se conozca es una de las primeras noticias documentadas del espeleosocorro cubano. Se ignora la composición de este grupo, mas valga la salvedad de su arrojo, toda vez que desconocían por completo a qué complejo problema de rescate debían enfrentarse.

Cuando Santos Parga y sus acompañantes en el infausto episodio habían perdido la esperanza de volver a ver el sol, escucharon voces remotas. Debían haber alcanzado un punto cercano al que luego se llamaría Baño de la Americana, o de la Inglesa, sitio desde donde es posible que el sonido alcance cierta progresión. De inmediato vieron luces y en breve ya se reunían con la partida de rescate que les condujo al exterior. El trayecto, de unos 750 metros no estaba aún habilitado y el grupo debió enfrentar un avance en las penosas condiciones de la misma exploración. Esta extraordinaria experiencia fue publicada en el *New Harper's Monthly Magazine*, en 1865.[63]

Como se ha dicho, Bellamar siempre atrajo el turismo internacional y por lo general, las grandes personalidades de visita en la Isla eran impuestas de la existencia de la prodigiosa espelunca. El 16 de enero de 1864 vino a Matanzas el príncipe Augusto de Arensberg, con el objeto expreso de visitar las Cuevas. Los dueños de hoteles hacían la promoción del lugar por lo que habría de beneficio para sus respectivos negocios.

Uno de los más importantes acontecimientos habidos en Bellamar ocurre a mediados de marzo de 1864, cuando por primera vez las Cuevas son iluminadas por la luz eléctrica. Una vez más la prensa reseña el acontecimiento desde los finales de febrero de ese año: "[…] El Dr. Bablot, que ya es bien conocido en el mundo científico vendrá muy pronto a Matanzas, donde en un lugar apropiado hará ver al público de esta ciudad el rico fruto que ha obtenido de sus profundos cuanto penosos estudios"[64]

Una vez que don Manuel Santos Parga supo de la cercana visita del francés, no dudo en proponerle que el "lugar apropiado" que buscaba debían ser las Cuevas. Con toda razón supuso que la espectacularidad de las blancas formaciones debía verse multiplicada por el efecto deslumbrante de una forma de iluminación que no llegaría a las calles matanceras hasta el mes de agosto de 1890. Con gran probabilidad el gallego debió interesar y convencer al científico, remuneración generosa mediante, por cuanto a mediados de marzo de 1864 la habitual sección Gacetillas de *La Aurora del Yumurí* ya confirmaba los días en que habría de llevarse a efecto el espectáculo:

> Gran novedad. Sabemos que durante los últimos días de la próxima Pascua se iluminarán las Cuevas de Bellamar con la hermosa luz eléctrica, con cuya brillante claridad aparecerán más sorprendentes las maravillas que encierra ese admirable subterráneo […] Aquellos de nuestros lectores que no hayan visto la luz eléctrica, deben tener entendido que es la que hasta hoy se parece más a la del sol

---

[…] y casi se puede decir queriendo llevada a su más brillante resultado es enteramente igual a la del rey de los astros
Sección Económica. Cuevas de Bellamar.
El dueño […] ha contratado con el Sr. Bablot alumbrarle los tres días de la Pascua de Resurrección[65] con la luz eléctrica el gran Salón Gótico por espacio de siete horas cada día empezando desde las siete de la mañana hasta las diez y de once a tres de la tarde.

Al día siguiente de esta información aparece un suelto con la información del arribo del francés:

El Dr. Bablot. Se halla entre nosotros desde ayer el conocido Dr. Bablot que viene con objeto de hacer preparativos para la brillante iluminación con que se ha de realzar la imponente belleza del salón Gótico de las Cuevas de Bellamar en los días de la inmediata Pascua. La portentosa luz eléctrica que con tan buen éxito sabe producir el referido Sr. Bablot, merced a los estudios é (sic) inteligencia, ya los excelentes instrumentos que posee, prestará sus deslumbrantes rayos para dar mayor encanto a las magnificencias de ese maravilloso y justamente renombrado subterráneo. Grande será sin duda la afluencia de gente que invadirá las Cuevas en los citados días de Pascua y no habrá uno de los que vayan a contemplar el sublime espectáculo que presentará dicha caverna que salga sin grandes deseos de volver a contemplar un cuadro tan fantástico y bello. [66]

Después de incentivar esta demostración con la promesa de su singularidad, el público se dio cita en las Cuevas, en número creciente al punto colapsar el servicio de carruajes de la Ciudad.

Gacetillas. Cuevas de Bellamar. Grande ha sido la afluencia de gente que ha ido en estos días de Pascua a las

---

[65] Fueron los días 25, 26 y 27 de marzo de 1864. *La Aurora del Yumurí*, 23 de marzo de 1864.
[66] *La Aurora del Yumurí*, 24 de marzo de 1864.

renombradas Cuevas de Bellamar, cuyo brillante subterráneo ha estado iluminado con la magnífica luz eléctrica. Los establos de esta ciudad no han podido proporcionar carruajes y caballos para las muchas personas que lo solicitaban, no obstante el contar estos establecimientos con infinidad de vehículos. Los hoteles se han visto llenitos de huéspedes, y los dueños de los establos, de las fondas y de las citadas cuevas han hecho su agosto [...][67]

La suma que don Manuel debió pagar por mantener la iluminación durante siete horas tres días, con seguridad no fue pequeña, sin embargo, no aumentó el precio de la entrada como cabría esperar. El crecido número de visitantes, pagando el importe habitual de un peso debió superar el monto de la inversión inicial, aunque la ganancia neta pudo ser modesta.[68]

El 4 de marzo de 1872 llegó a Matanzas Alejo Alejandrovich, tercer hijo del Emperador de Rusia, Alejandro II Nicolaevich y de la Emperatriz María Alejandra, hija de Luís II, Gran Duque soberano de Hessa. Nacido en San Petersburgo el dos de enero de 1856, su Alteza contaba con sólo unos 16 años recién cumplidos. Si bien el príncipe Alejo tenía el título de Gran Duque, su participación en la escuadra de navíos que tocó primero en La Habana, no pasaba de ser la de un simple oficial de vigilancia, con todas las obligaciones y dificultades que esta tarea poseía, lo que equivale a decir que fuera o no príncipe, su posición a bordo no surtía mayor efecto y estaba compelido al cumplimiento estricto de las reglas y normas que imperan para cualquier marino en un buque de guerra, tal y como lo dictaba la costumbre de la época, en que los grandes personajes se iniciaban en el arte militar pasando por rigurosas pruebas sin mayor diferencia con aquellos de plebeya condición.

Interesado en conocer Matanzas, después de recibir los honores del gobierno en La Habana, Alejo se trasladó a la villa de los dos ríos por tren, acompañado del vicealmirante Poiset y una adecuada escolta, ya que una vez en tierra, el Príncipe volvía a ser una real figura, por lo que el gobierno de la colonia gastó buena parte de sus fondos en hacer de la ocasión un

---

[67] *La Aurora del Yumurí*, 27 de marzo de 1864.
[68] Así lo estiman los investigadores Domingo Teijido y Rosa E. Gallart. Op. Cit.

acontecimiento memorable. Al recibimiento, en el Paradero de García, concurrió el cuerpo del Ilustre Ayuntamiento en pleno, mientras en San Severino se hacían las 21 salvas reglamentarias de saludo y el pabellón rojo y gualda ondeaba en el Teatro Esteban. Una engalanada tropa de voluntarios cubrió toda la ruta por las calles de Tirry, Bailén, Ayuntamiento y Vigía, acompañado de secciones de Cazadores, Artillería de Montaña e Infantería de Marina. Las crónicas lo describen como un muchacho capaz de percibir con sensibilidad y buen gusto. La noche cerró con una apretada agenda de actividades: banquete en el Ayuntamiento a las siete de la noche con música acompañante ejecutada por todos los cuerpos del ejército en la Plaza de Armas.

Temprano en la mañana del nuevo día, la comitiva visitó el asilo y luego, la Cueva de Bellamar, que se habilitó con luces suplementarias portadas por una muchedumbre de mozos, de suerte que el Príncipe pudo apreciar la espelunca iluminada profusamente y recibir una impresión difícil de repetir, lo que le movió a regalar, en reconocimiento, cien pesos a los portadores de las antorchas.

Luego, tras tan intensas emociones, su Alteza, el Gran Duque Alejo Alejandrovich, partió al mediodía de regreso a La Habana para cumplir otros no menos importantes compromisos en tierra cubana. Bellamar habría de quedar presa en las pupilas del regio visitante, quien no escatimó elogios para celebrar aquel portento de la Naturaleza.[69] Este sería uno de los tantos personajes reales que visitó Bellamar; casi un siglo después lo haría el rey Leopoldo de Bélgica.

En toda su historia, ningún incidente violento ha tenido lugar en la célebre caverna, excepto lo que se llamó, con toda justicia "El saqueo de Bellamar", hechos que, por censurables, sería comprensible que fueran cometidos por gente bárbara, sin el más elemental respeto a las normas de conducta social, agravado por el hecho de ser extranjeros.

Si ha de hablarse de daños producidos a Bellamar, habría que dar noticias desde el mismo instante de su descubrimiento. Por fuerza, la progresión de los primeros exploradores debió hacerse fracturando las delicadas formaciones cristalinas y

---

[69] Ercilio Vento Canosa. *El Alma de la Ciudad.* Ediciones Matanzas, 2001.

destruyendo partes de la estructura en las restricciones. Cuando ya la caverna estaba en uso turístico, el intenso flujo de visitantes rompió, como sigue haciéndolo hoy, muchas de las helictitas de aquellos lugares donde podían apropiarse de un recuerdo. El resultado fue la total destrucción de grandes espacios donde la cristalización había alcanzado un extraordinario grado de desarrollo y belleza. Una idea de la depredación sistemática puede extraerse de la Guía de la Cuevas de Bellamar, redactada por Eusebio Guiteras:

> A unas doscientas varas del batey ha levantado el Sr. Pargas un pabellón donde se halla la entrada a la cueva de Bellamar. Aquí reciben al viajero los guías armados de hachones de cera y faroles, y se le da desde un elegante cuadro y en distintos idiomas la importante advertencia de que no debe considerar como propias las maravillas que de derecho pertenecen al dueño de aquella tierra; el cual (como el mismo anuncio reza) ha extraído y conserva bastantes preciosidades para expender a aquellos que deseen llevar una memoria de tan interesante excursión. Y (sea dicho de paso) ni el cuadro, ni el estar la leyenda en distintos idiomas, ha sido parte a que algunos ociosos hayan dejado de considerar las obras naturales de la Cueva como cosa pública, arrancándolas contra los derechos legítimos del señor Parga y en consideración al menoscabo que a los mismos visitadores resulta, de la destrucción de piezas preciosas y tal vez únicas.[70]

No obstante, ninguna de estas acciones, que pueden calificarse de saqueo pasivo, tuvo la resonancia de la escenificada por la marinería de una escuadra inglesa, surta en el puerto de Matanzas el 10 de marzo de 1872, a unos pocos días después de la visita del príncipe Alejo.

Como la distancia, entonces era poco más tres kilómetros, se podía acceder a la instalación en un coche público, al que se le debía abonar seis pesos en billetes, siempre que solo fuera ocupado por dos personas. Por visitar las Cuevas se cobraba

---

[70] Eusebio Guiteras. *Guía de las Cuevas de Bellamar*. Matanzas, 1863, 27 pp.

entonces dos pesos por persona, y una vez que el visitante había entrado en el pabellón del cual se pasaba al interior, un letrero escrito en inglés, francés, alemán y español, advertía lo siguiente: "Se suplica á los señores que visiten estas cuevas que no rompan ni maltraten las finas y delicadas estalactitas que tanto las realzan. El dueño de estas sorprendentes Cuevas tiene un depósito de las más preciosas estalactitas escogidas entre las que sobresalen por su raro mérito, y las cuales venderá á precios módicos".

En horas tempranas de ese día, el vicealmirante Fauskawe, al frente de un grupo de oficiales se presentó en Bellamar para realizar una visita a la ya célebre caverna, lo cual hizo sin que se produjera un incidente mayor. Acaso la atención a los visitantes se distinguiera en algo, visto el rango de las personas, y fue el caso que el propio don Manuel Santos Parga sirvió de guía y cicerone a los militares. Ya se habían retirado cuando un segundo grupo de la misma tripulación se presentó en la espelunca. Como la conducta de los primeros no tuvo nada de singular, se dispuso para ellos igual procedimiento de atención.

Estas personas, empero, intentaron, de inicio, pagar la mitad del precio por la entrada, a lo cual se accedió luego de un intenso regateo. Ya en el interior, la actitud fue todo lo incivilizada que pudiera pensarse. Con los bastones, de los cuales iban provistos, comenzaron a golpear los cristales para llevar consigo pedazos de estos. Ante la justa y airada réplica de los guías, multiplicaron los garrotazos sobre las piedras y comenzaron a agredir a los operarios, a quienes también atacaron con saña, provocándoles lesiones. Una vez que fue vencida la resistencia del mínimo concurso de los trabajadores de la caverna, los marinos se dedicaron a la depredación desmedida, menudeando las fracturas a las estalactitas y las estalagmitas. El saqueo inmisericorde solo pudo ser impedido cuando don Manuel, arma en mano, les conminó a retirarse de inmediato.

El asunto pudo haber quedado en la anécdota, los daños y las magulladuras, pero Santos Parga se dirigió directo al gobernador a quien impuso de los graves hechos. En el acto se creó una comisión evaluadora que integraron el Jefe de Protección y Seguridad Pública, don Manuel Presas, don Pedro Celestino del Pandal y don Francisco Ximeno, quienes a falta de mejor referencia, evaluaron el estrago, imposible de cuantificar, en alrededor de 10 000 pesos. Esta delegación concluyó en su informe que: "[...] las Grutas de Bellamar han perdido un tanto su armónica magnificencia, y aunque su grandiosidad está muy por encima de los deterioros que han sufrido, los viajeros encontrarán siempre y con profusión bellezas que admirar".

Impuesto de los acontecimientos y visto el curso que ya tomaba el asunto, el Vicealmirante, aún en el puerto, decidió levar anclas, antes de que una iracunda manifestación de ciudadanos tomase por asalto su embarcación. Pero dar la espalda al problema no sería la conclusión más feliz del incidente. El gobernador de Matanzas expidió una comunicación inmediata al Capitán General, quien a su vez llamó al cónsul inglés a palacio para pedirle cuentas, mientras cursaba un despacho al Ministerio de Ultramar en España. El expediente aún se conserva en el Archivo Histórico Nacional de Madrid, tan actual en su reclamación es como el primer día, pues que se conozca, nunca fue satisfecha la magra indemnización.[71] Por otra parte, se sabe que la corona británica pidió que no se diera divulgación a un asunto que traía menoscabo para los intereses de Inglaterra en Cuba.

No obstante, la noticia llegó a Europa y Norteamérica, y encontró eco en algunas publicaciones y revistas. El geógrafo español don Miguel Rodríguez Ferrer citaba:

"Hace poco he leído en los periódicos de Cuba, que la marinería de un buque de guerra inglés se había permitido hacer grandes destrozos en estas nuevas cuevas llamadas de Bellamar, profanando así estas bizarras creaciones de la Naturaleza, cuyo acto no creo propio de hijos de una nación tan civilizada".

Aun cuando fuera discutible la capacidad y la intención de proteger la caverna, algunas acciones de Santos Parga justifican que su interés no era solo el comercial. Entre el rico anecdotario de la espelunca se cita un hecho curioso que permite explicar de algún modo la vocación de don Manuel por la custodia e

---

[71] Una fotocopia de este importante documento se encuentra en los archivos de la Fundación Antonio Núñez Jiménez de la Naturaleza y el Hombre en La Habana.

integridad de lo más valioso de Bellamar, casi en los inicios de la explotación turística.

Entre las tantas formas que adopta la cristalización en la cavidad, resulta notable una variante caracterizada por un denso conglomerado de múltiples romboedros de calcita transparente, que penden en un alarde de equilibrio por una delgada estalactita. A estas formaciones se le ha dado el nombre genérico de "lámparas", en tanto presentan semejanza con las arañas de cristal. Como en el ambiente subterráneo se producen cambios climáticos que intervienen en la celeridad y características de los espeleothemas, puede darse que, sobre estas "lámparas" se inserten otras formas cristalinas llenan los espacios con finas helictitas. El resultado final es inimaginable.

Si algo ha sido una constante en Bellamar ha sido la búsqueda de semejanzas entre figuras de animales, personas u objetos, un detalle que para complacencia pública y estímulo de la fantasía han explotado los guías desde tiempo inmemorial. La lectura, tanto de la *Guía de las Cuevas de Bellamar*, como las descripciones de José Victoriano Betancourt así lo confirman. Del siguiente fragmento se extrae la anécdota:

> A la derecha se alzan gruesos pilares, que sirven de sostén a la alta bóveda, y que recuerdan las soberbias columnas de antiguas catedrales, que debió la arquitectura gótica a las elegantes palmeras o a los robustos troncos de la secular encina. Uno de estos pilares [...] tiene por nombre El Manto de Colón. Forman sus estrías magníficos pliegues [...] Al pie del Manto de Colón se ven numerosas piedras de formas caprichosas algunas parecen hombres postrados en reverente adoración o echados en el suelo envueltos en sus mantas; otras fingen animales, también echados, dando todas, en medio de su inmovilidad, vida y animación a la escena [...] a la izquierda del viajero que va bajando, se ve un gran nicho, que sin un gran esfuerzo de la imaginación, puede pasar por el Altar de aquel templo; pues del fondo oscuro de la cavidad sale una como cornisa coronada de piedras que parecen imágenes [...] Más abajo del Altar se ve también una de estas caprichosas esculturas como sentada sobre una gran piedra [...]

El Guardián de la Cueva. Las estalactitas [...] imitan en sus curvas las orejas de ciertos cuadrúpedos [...] Piezas estalactíticas hay en esta Cueva, que asombran por su rareza [...]: ya ve uno pequeños ángeles o pájaros sostenidos por delgadísimos hilos de cristal: ya menudas cabezas de animales extraños; ya delicadas plumas cuajadas de luciente filigrana, [...] Una de estas últimas, por la simetría de sus bordes, es conocida de los guías con el nombre de La Manteleta. [...] después de atravesar la Garganta del Diablo, [...] llega (a) una gran plancha con el nombre de El Sepulcro. La otra [...] llámase La Saya Bordada [...] El último punto de la galería es un paso estrecho llamado La Cabeza del Verraco; [...] La Sala de la Bendición, es una de las piezas que el Sr. Parga más se ha esmerado en arreglar. Y bien lo merece. Allí todo es hermoso; el conjunto y los detalles, y todo está por la mano sabia de Naturaleza colocado de manera que resplandece y brilla en medio de su singular blancura. La pared opuesta a la en que está el manto de la Virgen, se halla así como la bóveda, cuajada de pequeñas estalactitas que por sus caprichosos dibujos pueden llamarse arabescos. Muchas de ellas han tomado cuerpo y descienden de la bóveda: pero toda su superficie se ha cubierto de estalactitas de arabescos, que le hacen parecer lámparas de alabastro. Una de estas de más de vara y media de largo: la anchura confundida entre cristalizaciones de la bóveda es considerable y va disminuyendo hasta terminar su punto. Los guías tienen cuidado de señalarla a los viajeros, como que es una de las joyas de la Cueva de Bellamar, y le dan el nombre de La Lámpara de D. Cosme; porque un caballero así llamado ha ofrecido por ella una suma considerable de dinero. El Sr. Parga no consintió en realizar la venta por no privar a los visitadores de vista tan preciosa. [72]

Hasta donde se conoce, el interesado personaje llegó a ofrecer 5 000 pesos oro por la bizarra formación cristalina. [73]

---

[72] Eusebio Guiteras. Op. cit.

[73] El incidente se ha querido adjudicar la visita del Sr. don Cosme de la Torriente (1872-1956), vecino de Matanzas y persona acaudalada, fundador y

Grabado del New Harper's Monthly Magazine, Vol. XLI, Nº 246, 1865.

primer director del Banco de Matanzas, el San Carlos, lo cual no es posible si, en efecto Santos Parga no accedió a la venta. En la fecha de muerte de don Manuel, Cosme tendría solo poco más de doce años.

# V. La tragedia de Bellamar

Con este título podría cerrarse una historia que, por pródiga en incidentes, haría la relación interminable, con el riesgo de deslizar una parte del relato de los hechos reales dentro del terreno de la leyenda. Se trata, no obstante, del acontecimiento más significativo después del descubrimiento y la primera incursión. Por un azar del destino el propio don Manuel sería el actor principal en ambos episodios.

Cabe señalar que la construcción actual que existe sobre la boca de Bellamar no fue concebida por el gallego. Su casa se encontraba separada medio centenar de metros hacia el sur, sitio donde se puede hoy hallar algo de las ruinas de la antigua edificación familiar y el pozo. La obra sobre la caverna y en el primer salón de ella se redujo a lo que sigue:

> El señor Parga ha dado a la boca de su palacio subterráneo una forma regular, rodeándola de una baranda. Penétrase en él bajando inmediatamente y en dirección N. E. por una escalera de veinte y cuatro escalones, guarnecida de seguros pasamanos, y apoyada en un muro artificial. Va ésta a parar a una eminencia interior que se ha arreglado y rodeado de una cómoda balaustrada para que los viajeros puedan despojarse de aquella parte del

vestido que crean les sea molesta, recorriendo las galerías, precaución que no es de todo punto necesario. De codos en esta balaustrada ya da uno por bien empleado el viaje, porque desde ella se domina el sorprendente espectáculo que presenta la primera cavidad.[74]

En el último tercio del siglo XIX fue notoria la actividad de los bandoleros en Cuba. Muchos de ellos eran exsoldados que habían desertado de las filas del ejército español, vista la comodidad de dedicarse al asalto, el secuestro y el desvalijo en descampado a los viajeros. No había viaje a caballo o en volanta que no se hiciera con la precaución de cargar una o dos armas de fuego. Con todo, era asunto de riesgo cierto aventurarse por los caminos en solitario, La Isla, por ese tiempo, no contaba mucho más de dos y medio millones de habitantes. Para 1884, fecha en la que se desarrolla esta parte de la historia, el campo cubano había recibido el impacto de la guerra, y si bien la contienda había excluido el occidente del país, el desamparo y la pobreza eran la norma. Más tarde, con la abolición de definitiva de la esclavitud, muchas personas debieron buscar medios de subsistencia, fuera en las ciudades o en las propiedades de los antiguos amos.[75]

En ese mismo año la paz de las fincas vecinas fue turbada por los actos de pillaje de dos maleantes, ambos prófugos de la justicia a quienes así describió en su crónica el Dr. José A. Treserra, Historiador de la Ciudad de Matanzas:[76]

[...] aparecieron en el barrio de Canímar, el "Catalán" y "El Coruñés", par de sanguinarios bandoleros que tenían sobresaltados a los campesinos con sus abominables fechorías. El primero era Ignacio Roselló, natural de Reus, desertor de las filas españolas en 1876, durante la Guerra Grande, reincidente en 1883, reo de varios crímenes, y al fin fugado del castillo de San Severino. Era el segundo Casimiro Vázquez, natural de la Coruña, prófugo de la

---

[74] Eusebio Guiteras, Op. cit.

[75] El último desembarco de esclavos tuvo lugar en 1873.

[76] José A. Treserra. La Tragedia de Bellamar. *Revista MIL*. Patronato de Calles de Matanzas. La narración de Treserra contiene elementos que trascienden al relato novelado.

cárcel de Cárdenas con sus compinches Pedro Conrado y Crisanto Cabello. "Y como Dios los cría y ellos se juntan", todos formaron la gavilla de Roselló. Pero D. Manuel no se amilanó con la presencia del Roselló en Buey-Vaca, donde cerca de su finca, el 19 de junio de 1884, secuestró a D. José Antonio Falcón, canario acomodado, dueño del antiguo cafetal denominado "El Fundador", a orillas del Canímar; pues ya antes de este suceso, D. Manuel, lo había denunciado valientemente por el robo y asesinato de D. Eduardo Betancourt, aprestándose a resistirlo, con sus setentiún años bien, cumplidos, en caso que lo asaltara. Roselló se propuso vengarse del viejo Parga, llevando a vías de hecho su propósito el día 21 de noviembre del susodicho año, en unión del "Coruñés". A las cinco de la tarde se dirigía Parga con su hijo Manuel, de la entrada de las cuevas a su casa de vivienda, y en el trayecto encontraron a un tal Mejíbar (sic)[77] que venía a decirle que Roselló andaba por allí [...] ¿Por allí? Y bien, pues ya estaba en los altos de la casa en acecho de su víctima. Aunque Pargas no llevaba encima como los bandidos, la oración del Justo Juez, aunque sí como ellos revólver y cuchillo, subió a buscarlos y hubo tiros y puñaladas a placer... Su hijo Manuel y aquel Mejíbar, subieron también, encontrando al bragado "Colón" de las Cuevas de Bellamar, cambiando cuchilladas con el terrible Roselló, quien mal herido "se remató a sí mismo", con un carabina que encontró al azar [...]. "apuntándole con intención siniestra", en un cuarto de la casa. [...] ¿Y el "Coruñés"? Hacía rato ya, que su paisano el de Vivero, le había

---

[77] Se trata de Isidoro Menjíbar, alias "el catalán", detenido unos meses antes por encontrársele portador de un puñal, en momentos en que toda la población solía cargar armas. Se dice que esta persona era colaboradora de la policía secreta colonial. *La Aurora del Yumurí*, sección Correo de la Tarde. Vienes 11 de julio de 1884. La aclaración sobre el nombre real de esta persona la ofrece el investigador Adrián Álvarez Chávez en un artículo "Manuel Santos Parga, descubridor de Las Cuevas de Bellamar" publicado en la revista *Palabra Nueva* del Arzobispado de La Habana, N° 135, Año XII, noviembre de 2004.

ayudado a salir de esta vida donde le trataban con tanta sin razón [...][78]

Por los sueltos de la sección Correo de la Tarde de *La Aurora del Yumurí* se alcanza a percibir el terror de la población de la Ciudad y poblados vecinos que producían en el ánimo de ciudadanos los actos vandálicos, secuestros y fechorías de estos sujetos, de modo que se infiere la naturaleza violenta de este encuentro, de consecuencia fatal para los implicados.

Nadie podrá afirmar con certeza la naturaleza de la entrevista por la ausencia de testigos. Los hijos de don Manuel acudieron presurosos al auxilio del padre, quien había dado cuenta, sin ayuda, de los dos delincuentes. Pero la suerte que le fuera favorable en la batalla resultó a la postre adversa y, ya con las luces del sol en el poniente, la sangre perdida y la magnitud de las lesiones dejaban sin vida al anciano gallego sin que el auxilio médico pudiera devolverlo a la vida. Sus víctimas en el desigual combate eran más jóvenes que el finado. Quien no tuvo temor a enfrentarse a lo desconocido 23 años antes frente a la oscura boca del antro abierto a sus pies, tampoco lo mostró en este último supremo instante de su vida.

Quizás de Manuel Santos Parga no pueda decirse lo mismo que de otras notables figuras de la vida o cultura matanceras; pero la ciudad le debe un oropel geográfico que blasona ante el mundo. Fue un miembro de aquella anónima muchedumbre que un día se lanzó al mar en busca de América para hacer de esta, su otra patria y para descubrirle en sus entrañas de piedra, una porción de universo nuevo que es hoy herencia de todos y legado patrimonial para la posteridad.

La muerte de don Manuel fue a la larga un misterio que no alcanzaron a develar nunca familiares o amigos, presos en la conjetura de los acontecimientos que tuvieron lugar en aquella

---

[78] Ignacio Roselló Farrán, natural de Sarral, Tarragona, Cataluña, de 26 a 27 años de edad. Se le ha dado el sobrenombre de "el catalán", y José Antonio Vázquez Seoane, conocido por "el coruñez", según consta el acta de defunción. Ni en la prensa, ni en la certificación de Roselló se le confirma el sobrenombre. Al "coruñez" se le practicó autopsia, no así a Roselló. La razón de ello descansó en la duda suscitada en los médicos para establecer si la muerte se debía a las heridas por arma blanca o por un proyectil de arma de fuego.

tarde trágica en la casa de los Santos, donde nunca se supo la naturaleza de la singular conversación y el definitivo encuentro entre los tres peninsulares, al que ninguno hubo de sobrevivir. El "Colón de Bellamar" nunca lo dijo en su postrera agonía y se llevó el secreto con él.

Un siglo más tarde, los investigadores hallaron con sorpresa que casi toda la información recogida por la prensa de la época en relación con el homicidio fue cortada del periódico o de las revistas, sin que hasta le fecha se conozca las personas que lo hicieron o los motivos que les impulsaron. El colofón de estas extrañas pérdidas y sustracciones fue la búsqueda de los restos de audaz gallego. Los miembros del grupo espeleológico que llevaba su nombre, dirigidos por el Lic. Adrián Álvarez Chávez, agotaron los esfuerzos por recuperar el cuerpo sepultado en el cementerio de san Carlos, en Matanzas. Al abrir la sepultura, aparentemente intacta, solo hallaron un espacio vacío.[79]

---

[79] En el nicho de la galería subterránea del cementerio de san Carlos donde debían reposar los restos de don Manuel se colocó como cenotafio una placa conmemorativa por los miembros del grupo espeleológico que a la sazón llevaba su nombre.

Grabado del New Harper's Monthly Magazine, Vol. XLI, No. 246, 1865.

# VI. Viajeros, visitantes y cambios

Además de las notables personalidades referidas que visitaron en su momento Bellamar, la propia naturaleza turística de la espelunca fue punto de atracción para nacionales y extranjeros, como lo fue el célebre arqueólogo alemán Henry Schliemann, descubridor de la ciudad de Troya. Los libros de visitas que podrán documentar en detalle los visitantes desaparecieron luego de su conservación en las instalaciones de la antigua fábrica de Jarcias de Matanzas. Los intentos por recuperar para el patrimonio matancero tan importantes documentos fueron estériles. En el Archivo Histórico Provincial cuenta solo con dos libros de 1902 y 1915 en los cuales se puede encontrar el nombre, la procedencia y la ocupación de cada viajero.

A partir de estos documentos se puede intentar conocer el tipo de visitante en Bellamar; los nacionales abarcan casi la totalidad de la Isla y abarcan varias profesiones. Entre los extranjeros la gran mayoría procede de los Estados Unidos, seguido de españoles, franceses y alemanes. La parquedad de los datos solo autoriza a una evaluación y cómputo muy restringido que obliga a considerar lo que corresponde a las citadas fechas.

Los libros de visitantes ya no están como registro después de 1959, etapa que marca una intensidad de visitas que incluye entonces viajeros de las exrepúblicas socialistas del este europeo. Como anécdota de ello se cuenta que una azafata del vuelo que trajo a Cuba un alto dignatario soviético, conocido que le fuera el nombre del Baño de la Americana, se despojó de sus ropas y se introdujo en el lago para que en lo sucesivo fuera también "de la rusa". Esta noticia dada por los guías trajo en consecuencia que otras tantas jóvenes de otros países imitaran la costumbre para derivar hacia lo que sería el Baño Internacional.

Por contraproducente que pueda ser hoy, siempre estuvo permitido fumar en el interior, sin tener en cuenta la contaminación de un ambiente restringido con lenta renovación del aire, así como lavarse cara y manos en los lagos del trayecto. El volumen de visitantes en los años 80 llevó a algunos defecaran o miccionaran en el recinto, además de escribir sus nombres en las blancas formaciones. La administración del centro turístico, ajena en todo al valor patrimonial e histórico de la cavidad siempre hizo oídos sordos a los reclamos de la Sociedad Espeleológica de Cuba. En los años 90 la situación empeoró al punto que el entonces presidente de la Sociedad Espeleológica de Cuba, Dr. Antonio Núñez Jiménez, en su condición de también presidente de la Comisión Nacional de Monumentos, decidiera cerrar Bellamar por un lapso de cien años. No obstante la peregrina posibilidad de hacer efectiva la disposición, los daños provocados por los visitantes y la mala y desinteresada administración, eran ya irreparables.

No obstante, la costumbre de escribir en las paredes y formaciones dada de la época de puesta en marcha la instalación en 1862. En los pasadizos del suroeste, sobre una blanca columna del Salón de las Esponjas hay escritos más de 200 nombres a lápiz o tinta. Las fechas corresponden en su mayoría al siglo XIX y primeros años del XX. Otro tanto ocurre en el Salón de los Enanos, donde en otra blanca formación hay también nombres, incluso en chino. Desde el punto de vista de información representan ya un documento cuyo valor descansa en la identificación de algunas personalidades.

Descontada la visión utilitaria de los sucesivos administradores y la poca receptividad para el mejoramiento de las condiciones de visita en Bellamar, a diferencia de otras cavidades turísticas del mundo, la propia dispersión morfológica de la espelunca no permite aislar al visitante del posible contacto con las formaciones cristalinas, toda vez que la estrechez de las galerías habilitadas para el tránsito del público permite el contacto directo con la pared cubierta de frágiles formaciones. De todo ello resulta que el aspecto actual de esos segmentos difiere en mucho de cuanto pudo verse hace más de 160 años. Por otra parte, la adaptación de la espelunca debió destruir no pocos tramos de las galerías, excepto la que se utiliza para el regreso.

Algunos visitantes refieren cierta angustia respiratoria que es solo fruto de su aversión al recinto cerrado. Si bien la circulación del aire en el interior, en lo particular en la parte destinada a las visitas, es lenta, a no más de seis milímetros por segundo, no hay restricción de aire respirable, todo ello comprobado por medición directa, incluso en momentos de alta concentración de personas en un momento y al final del día. De hecho, el volumen de aire contenido en el espacio de las galerías visitadas alcanza un promedio de 300 000 m$^3$. El propio movimiento de los visitantes crea un sistema de circulación forzado.

Bellamar posee dos aberturas al exterior: el punto de acceso y el pozo que debió en su tiempo actuar como respiradero, el cual dotado de una claraboya montada sobre un carril circular y con una paleta vertical a modo de veleta, orientaba siempre la boca hacia donde el punto por donde le soplaba el viento de los que resultaba un tiro forzado que debía superar 27 metros desde la superficie hasta la cavidad. Varias circunstancias de la física del aire en una espelunca contradicen la efectividad real de este sistema. En primer lugar, la velocidad del aire impulsado desde el exterior se disipa en un mecanismo de fricción sobre las paredes irregulares y las formaciones; en segundo, el tiro forzado cambia de manera drástica el equilibrio interior entre el agua de percolación, la densidad del vapor de agua interior y con ello la relación entre el flujo y el caudal, cuyo resultado es la alteración del proceso químico de deposición del carbonato de calcio con liberación de agua y anhídrido carbónico. Dicho de otro modo, se detiene o altera el proceso de cristalización.

La fórmula física que define la fuerza motriz de la circulación del aire de una espelunca tiene, entre otros factores, la temperatura del aire interior, así como su presión. Lo que realmente importa es la diferencia de cota altimétrica entre las bocas, que en lo que a Bellamar respecta, el acceso principal se encuentra en los 50 m s.n.m. y el respiradero artificial en los 52, en lo que es ya la Superficie de Erosión Continental de Bellamar.

Los visitantes influyen de una manera mucho más agresiva, sobre todo en una cavidad que nunca ha tenido un sistema de monitoreo automático de calidad del aire. Sucede que cada individuo calienta un volumen de aire de un metro cúbico en su derredor, lo que incrementa el efecto térmico, en el que colabora la expulsión de otro metro cúbico de vapor de agua y otro tanto de anhídrido carbónico. Experiencias realizadas en la caverna turística de Lechuguilla, en el estado de Nuevo México, en Estados Unidos, encontraron que el efecto físico de cada individuo en una hora aportaba energía al sistema suficiente para encender una bombilla de 140 watts.

Por lo común, en una cavidad subterránea no alterada por la mano del hombre se distinguen tres zonas:

1. De influencia: caracterizada por las condiciones propias del medio externo en cuanto a temperatura, presión y humedad.
2. De intercambio: espacio en el cual el medio externo cede gradualmente sus características a las existentes en el ambiente interior.
3. Afótica: inicio de las áreas carentes de la iluminación natural del exterior.

Estas tres zonas pueden desaparecer en sus dimensiones y cualidades cuando se altera la morfología natural de la espelunca, lo que ocurre en Bellamar. La entrada se encuentra en un edificio y la escalera que conduce al interior pasa de una débil zona de influencia a la afótica, la cual a su vez está alterada por la iluminación artificial. Hasta la instalación de bombillas del sistema LED, cada unidad de iluminación de 100 watts disipaba calor en un área de 30 a 50 centímetros entre 30° y 40°.

La suma de todos estos elementos trajo un impacto sobre la cavidad y los visitantes. Las partes sin visita de personas quedaban aisladas y en una forma de circulación estática o semiestática, cuya transferencia se hacía por gradiente. La temperatura promedio común estaba sobre los 24° a 25° en cualquier estación, toda vez que el calor o frío exterior no influían en el aire interno. No obstante, aun conservado que fuera este nivel, el aumento de la humedad provocada por la respiración y transpiración de los visitantes, unido al ingreso de agua por percolación estacional, provocaba una sensación térmica que, de acuerdo con la curva de Bean, comenzaba a ser muy poco soportable, incluso con vestimenta ligera.[80]

A partir de la intervención de la Sociedad Espeleológica de Cuba y principalmente la Fundación Antonio Núñez Jiménez de la Naturaleza y el Hombre, a través de la Resolución del Consejo de Estado de la República de Cuba, que concede a la Fundación la administración del área declarada Monumento Nacional, que ocupa 502 hectáreas, y deviene responsable de la cavidad, se han realizado estudios y acciones encaminadas a la protección de la espelunca sin estorbo al tradicional empleo turístico, lo que supone controles de monitoreo y acomodación de regímenes de carga en cuanto a número de visitantes por hora y día. La Sociedad Espeleológica de Cuba y la Fundación Antonio Núñez Jiménez de la Naturaleza y el Hombre crearon el museo que ocupa el edificio principal de la entrada y la sala de proyección de imágenes en tercera dimensión.

---

[80] La curva de Bean establece la relación entre temperatura y humedad absoluta medida en gramos de agua por kilogramo de aire seco. Fisiopatología clínica. Sodeman. Instituto Cubano del Libro, La Habana

# VII. La paleocaverna

La exploración de Bellamar, como caverna independiente alcanzó impulso después de 1963 con la creación de un fuerte movimiento de grupos espeleológicos, entre ellos el Carlos de la Torre, el Grupo Humboldt y el Félix Rodríguez de la Fuentes, por solo citar los que tuvieron mayor impacto en las investigaciones de las espeluncas situadas en la meseta o superficie de erosión continental de Bellamar. al sur este de Matanzas. Buena parte de la limitación en alcanzar los mejores resultados investigativos estuvo dada por los recursos disponibles de entonces, toda vez que en la década de los años sesenta, y buena parte de los siguientes el desarrollo de la industria en materia de accesorios para el alpinismo y la Espeleología, no había alcanzado la producción de implementos técnicos, sobre todo de iluminación, que ya en los últimos veinte años del siglo estaban disponibles en el mercado mundial.

No obstante esta evidente limitación, incluso con medios casi rudimentarios, a veces fruto de la invención, se logró avanzar, tanto en la propia Bellamar como en las cavidades circunvecinas. Los estudios cartográficos de entonces pusieron de manifiesto que Bellamar y las espeluncas del entorno inmediato obedecían a un mecanismo de origen tectónico en la forma y orientación de las diaclasas o grietas por donde el agua excavó por disolución de la roca caliza, todo el dédalo de los salones y galerías.

Es parte de la historia el descubrimiento fortuito de la verdadera dimensión de la caverna del Gato Jíbaro, al norte de Bellamar, en 1968. Hasta entonces, la cavidad superaba escasamente el kilómetro de extensión.

El término paleocaverna fue acuñado luego de investigaciones del Grupo Félix Rodríguez de la Fuente y designa una cavidad subterránea de dimensiones notables cuya formación se produce en un lapso milenario en el cual los procesos de disolución y de reconstrucción se alternan para modelar un gran complejo de dimensiones y formas. Los cambios que se operan en el tiempo no dependen tan solo de la actividad espeleogenética, sino que están en relación con factores climáticos externos y eventos telúricos, entre otros, lo que da por resultado un sistema de galerías que responden a determinantes geográficas, geológicas y tectónicas y por ello no siempre se mantiene la continuidad física de las partes, al menos para el paso del hombre. Los estudios desarrollados a partir de los años 90 del siglo XX por el grupo antedicho dieron por resultado que la llamada Cueva de Bellamar es en realidad una parte de una paleocaverna que incluye otras cavidades inmediatas para alcanzar la suma de más de 25 kilómetros.

## Investigaciones y estudios especiales

A finales de 1973 se inició un estudio a propósito de conocer las características de los microorganismos existentes en la caverna de Bellamar. Previo a la investigación se realizó un análisis de las propiedades del aire subterráneo, a partir del hecho que se trataba de una cavidad de tipo turístico con un gran impacto diario de visitantes. Los estudios realizados con el Departamento de Epidemiología de las FAR en Matanzas revelaron que en las áreas de máxima circulación, la velocidad del aire no superaba los seis milímetros por segundo. Esta situación estaba dada por la poca diferencia de altura entre las cotas del acceso principal y el respiradero situado casi al término del recorrido de los visitantes. Habida cuenta que la relación entre ambas medidas superaba escasamente los dos metros, la fuerza motriz deducida por la simple diferencia de presión en ambas aberturas al exterior no podía ser mayor, descontados otros elementos ya citados tales como la densidad del aire húmedo del interior y la propia presión interior de la cavidad.

En teoría, el cálculo de la velocidad del aire en el área de visitas, cuyo volumen alcanzaba los 300 000 m$^3$, permitiría la reposición del aire en la zona de tránsito en un lapso de 81 horas. Si la frecuencia de visitantes era diaria y se incrementaba los fines de semana, el llamado descanso de un día no era suficiente para aliviar la carga de dióxido de carbono acumulada. Según se pudo comprobar, cada individuo en el tiempo de la visita, unos 90 minutos, consumía 1 m$^3$ de aire respirable, al tiempo que calentaba el entorno en unas 120 calorías. Este fenómeno, unido al vapor de agua de la propia respiración humana, aumentaba la humedad interior hasta los límites del 100 %, de manera que durante casi todo el recorrido podía apreciarse una suave neblina y la condensación de gotas de agua sobre las superficies frías.

A todo cuanto antecede se añadía el hecho de no estar la cavidad habitada por especies animales. Los fechados colagénicos de los fósiles de quirópteros extraídos del Salón de las Nieves dieron por resultado que, en efecto, 4 000 años atrás existió una colonia de murciélagos hoy desaparecida, lo que pudo ser debido a los eventos cataclismáticos y tectónicos, entre ellos grandes incendios en la zona, que cerraron por completo la espelunca. Desde este punto de vista, la cadena biológica no tendría la retroalimentación característica de las cavidades con presencia animal, excepto considerar que el hombre, incluso como visitante ocasional, era el sostenedor de una eventual base de organismos microbiológicos.

Las investigaciones de la composición del aire arrojaron los resultados expuestos en la siguiente tabla.

Lecturas tomadas se hicieron entre el 19 de mayo y el 19 de septiembre de 1973, con un promedio de 232 personas al ingreso. Los límites permisibles de CO2 son de 0,30 %/ volumen. Límite permisible para el CO, 0,0050 %/ volumen.

Como se deduce de los resultados, si bien el aire interior siempre tuvo calidad respirable, la diferencia de solo 0,004 % colocaba circunstancialmente la calidad del aire cerca del punto crítico, sobre todo en dependencia del volumen de personas. Hubo momentos de ingreso de mil individuos en ocho horas en el intervalo de los meses de julio-agosto. Para las mediciones se utilizaron respectivamente detectores de gases por burbujeo y de fuelle, provistos de sus ampolletas para cada gas tipo.

| Lugar | $CO_2$ % | $CO_2$/+30 min | $CO_2$ % sin público | $CO_2$ % acumulado | CO % | HR % | T° |
|---|---|---|---|---|---|---|---|
| Salón Gótico | 0,18 | 0,23 | 0,19 | 0,20 | 0,001 | 94 | 27 |
| Garganta del Tigre | 0,19 | 0,20 | 0,20 | 0,22 | 0,002 | 94 | 24 |
| Entronque | 0,20 | 0,24 | 0,20 | 0,21 | 0,0013 | 95 | 25 |
| Paso Lloviznas | 0,20 | 0,25 | 0,23 | 0,22 | 0,0026 | 99 | 24 |
| Baño de la Americana | 0,21 | 0,26 | 0,20 | 0,24 | 0,0023 | 96 | 25 |
| Respiradero | 0,15 | 0,19 | 0,13 | 0,15 | 0,0009 | 95 | 25 |
| Galería del Regreso | 0,15 | 0,19 | 0,20 | 0,16 | 0,0008 | 99 | 24 |
| Salón de las Esponjas | 0,14 | 0,15 | 0,15 | 0,16 | 0,0005 | 90 | 23 |

A las medidas de CO2 y CO se añadió la detección de amoniaco y sulfocianhídrico (0,0021 a 0,0016 %), habida cuenta la existencia de una planta química de gran volumen en el lado opuesto de la bahía, frente a Bellamar. Los dos primeros gases estuvieron claramente influidos por el ingreso del público, con un carácter de incremento inmediato, en tanto los restantes estuvieron en dependencia de la cualidad general del aire sobre la espelunca y su efecto en el aire interior fue mediato y en correspondencia con la dirección del viento desde las fábricas. No obstante, los valores de amoniaco (variables entre 0,016 % hasta 0,008 %) estuvieron, como se verá, muy en dependencia de la presencia de colonias de microorganismos, Proteus, en particular, toda vez que en este período y por un lapso de 20 años, la caverna sufrió el aporte de las aguas cargadas de residuos fecales y orina procedentes de una conductora dañada, a lo cual se adicionó el vertimiento de grasas de cocina y combustible. Ninguna de las llamadas a la atención a la administración del centro u otras autoridades tuvo adecuada respuesta. La espelunca quedó con un daño irreparable en sus blancas formaciones.

Interesó conocer la calidad del aire respirable en cuanto a la concentración de oxígeno, sabido que los visitantes estaban ingresando una mezcla de dióxido de carbono, monóxido de carbono, amoniaco y sulfocianhídrico. Los valores obtenidos el primero de octubre de 1973 fueron los siguientes:

| | |
|---|---|
| Salón Gótico | 20,95 % / volumen |
| Entronque y regreso | 20,68 % / volumen |
| Respiradero | 20,16 % / volumen |
| Baño de la Americana | 20,32 % / volumen |
| Exterior | 20,89 % / volumen |

El resumen de las condiciones del clima subterráneo en el período de estudio con dos cargas de visitantes promedio de 230 personas en intervalo dos horas se expone en la tabla a continuación:

| Lugar | Hr 1 | Hr 2 | T°1C | T°C 2 |
|---|---|---|---|---|
| Salón Gótico | 94,0 % | 90,0 % | 27,0 | 26,0 |
| Confesionario 1 | 94,0 % | 96,0 % | 27,0 | 26,0 |
| Confesionario 2 | 94,0 % | 95,0 % | 27,0 | 26,5 |
| Confesionario 3 | 94,0 % | 96,0 % | 27,0 | 25,0 |
| Entronque | 95,0 % | 100,0 % | 25,0 | 24,0 |
| Paso de las Lloviznas | 99,0 % | 100,0 % | 24,0 | 24,0 |
| Respiradero | 95,0 % | 95,0 % | 25,0 | 25,0 |
| Baño de la Americana | 96,0 % | 97,0 % | 25,0 | 25,0 |
| Galería del regreso | 99,0 % | 100,0 % | 24,0 | 25,0 |
| Escalera norte-sur | 99,0 % | 95,0 % | 24,0 | 24,0 |
| Garganta del Tigre | 94,0 % | 95,0 % | 24,0 | 26,0 |
| Salón del Templo | 99,0 % | 95,0 % | 26,0 | 26,0 |
| Salón de las Esponjas | 90,0 % | 95,0 % | 23,0 | 26,0 |
| Exterior | 70,0 % | - | 28,0 | 28,0 |

Hechas las tablas de condición del ambiente subterráneo, se procedió al estudio de la flora microbiana en bacterias y hongos, en los lugares seleccionados para el estudio de clima. Resultó, ante todo, importante descartar la presencia de Histoplasma capsulatum, presente en las restantes cavidades cercanas, si bien no existía un reporte directo que vinculara la presencia del hongo patógeno en Bellamar. Las condicoines de temperatura, humedad y aporte orgánico podían sugerir que en algún sitio de la espelunca se encontrara dicho agente micótico.

Se expusieron placas para cultivo con Agar sangre y Saboreaud; en el caso de las primeras se obtuvo:

| | Colonias N° | | | | |
|---|---|---|---|---|---|
| Estaciones | Pseudo-monas | Baci-laceas | Sarci-nas | Diplo-cocos | Estafi-lococos |
| Salón Gótico | 220 | 20 | - | 40 | - |
| Ambulatoria | - | 40 | 20 | - | 80 |
| Entronque | - | 25 | 22 | - | - |
| Respiradero | - | 14 | 7 | - | 30 |
| Bañó de la Americana | - | 14 | 12 | - | 28 |
| Total | 220 | 113 | 61 | 40 | 138 |

| Colonias | 1 | 2 | 3 | 4 | 5 |
|---|---|---|---|---|---|
| Echerichia Coli | x | | | | |
| Pseudomonas | x | | | | |
| Sin crecimiento | | x | x | x | x |

| Colonias | Esta-ción 1 | Esta-ción 2 | Esta-ción 3 | Esta-ción 4 | Esta-ción 5 |
|---|---|---|---|---|---|
| K. aeroba-cter | x | x | x | - | x |
| E. Coli | - | x | - | - | - |
| Proteus mirabilis | - | x | - | - | - |
| Baciláceas | - | - | - | x | - |
| | 1 | 3 | 1 | 1 | 1 |

El acumulo de Pseudomonas coincidió con la zona de vertimiento de fecales.

Para la detección de los hongos ambientales se utilizaron placas con cultivo de Saboreaud:

| Estaciones | | | | | | |
|---|---|---|---|---|---|---|
| Cepas | 1 | 2 | 3 | 4 | 5 | 6 |
| Mucor | x | x | x | x | x | x |
| Cladosporium | | | | | x | x |
| Esteril | | | | | x | |

De todo cuanto antecede se desprende el hecho de existir colonias de bacterias y hongos. Algunos de estos agentes, como *Aspergillus niger* tienen potencialidad patógena.

En 1990, en el curso de un segundo gran estudio de este particular, se encontró la presencia de *Aspergillus niger* en lugares intrincados de la espelunca, tal como los Pasadizos del Suroeste, de muy raro acceso, siempre por espeleólogos. No hay que dudar sobre otras entidades patógenas como E. Coli, Klebsiela y Pseudomonas, tanto por el propio transporte de visitantes como por la contaminación de aguas negras del exterior. Eventualmente se encontraron cucarachas introducidas con los elementos de mantenimiento eléctrico. Siempre llamó la atención que en los lagos, donde el público introducía las la manos no había presencia de agentes patógenos. La alta concentración de carbonato de calcio en estos depósitos del goteo cenital impide el crecimiento de bacterias, excepto que, como se ha visto, la contaminación supere la capacidad detergente natural del agua de los lagos.

En 1973 los guías de la cavidad depositaron peces ornamentales en el Baño de la Americana de manera inconsulta. Se pudo comprobar que el ambiente subterráneo, unido a la alta concentración de carbonato en disolución en el agua del lago no permitió la supervivencia de dichos peces. No obstante, la creación de un elemento biológico de la naturaleza de un vertebrado creó un ciclo biológico en interacción con los microorganismos, los cuales se nutrían del aporte orgánico de los peces. A ello se acompañó la acelerada reproducción de caracoles terrestres de la especie Physa, también sin capacidad de supervivencia garantizada. El resultado de este experimento fue la aparición de una banda de color pardo negruzco en el borde del lago, en el límite entre el líquido y el aire, sitio donde se acumulaban los desechos orgánicos. Este fenómeno se reprodujo en los pequeños lagos del trayecto donde el público sumergía las manos, al punto de alterar el equilibrio químico existente.

La caverna de Bellamar había sufrido ya durante largos años la contaminación del aire producida por las antorchas y las velas de doble pabilo utilizada por los guías en el trayecto, situación que en teoría podía quedar eliminada con la instalación de la iluminación eléctrica. No obstante, al introducir una variante sustancial de la luz de modo casi continuo, con una intensidad variable de 11 lux hasta tres metros a partir del foco de emisión, trajo en consecuencia la aparición de musgos fotosintetizadores ubicados alrededor de las lámparas. Se pudo comprobar que en el tipo de iluminación de bombillo incandescente tradicional la generación de los musgos y líquenes era mayor que en aquello lugares donde se ubicaban lámparas de vapores de sodio o de mercurio.

La eliminación de la percolación cenital de aguas negras no eliminó el sustrato orgánico, donde hasta la fecha subsisten colonias de Pseudomonas, las que al parecer lograron un mecanismo de adaptación adecuado. La presencia de bacterias propias del tractus gastrointestinal se debe a los visitantes portadores al tocar las formaciones secundarias o arrojar residuos contaminados, tales como envolturas de papel, las cuales proveen de suficiente base orgánica para su supervivencia.

La dispersión de *Aspergillus níger* en la cavidad se debe a dos factores: la propia propagación ambiental de las esporas en primer lugar, y al movimiento y traslación mecánica debido al hombre. Como se conoce, los hongos ambientales suelen supervivir en condiciones extremas, de manera que los mismos elementos orgánicos contenidos en la tierra, en alrededor de un 4%, facilita que, aun sin contacto frecuente y directo con el hombre, se pueda detectar su presencia en los cultivos.

A lo largo de las investigaciones llevadas a cabo por el Grupo Carlos de la Torre y más tarde por el Comité Espeleológico de Matanzas, lapso que abarca más de 40 años de estudio se obtiene un balance en la fecha que se resume en lo siguiente:

1. Equilibrio del grado de humedad ambiental, por debajo de los niveles extremos de saturación de vapor de agua.
2. Estabilidad de las temperaturas medias, entre 24°C y 24° C.

3. Disminución de los volúmenes de CO al impedir que se fume dentro de la espelunca.
4. Reducción del sustrato orgánico residual contaminante, con reducción de los niveles de amoniaco.
5. Disminución de la velocidad del aire interior por no funcionamiento efectivo del respiradero artificial.
6. Desaparición de sulfocianhídrico del aire interior.
7. Estabilidad de los niveles de $CO_2$ habituales en ocasión de ingreso público en grandes grupos.
8. Disminución del percolamiento cenital por el sellado constructivo de los suelos en el exterior.
9. Modificación del sistema de iluminación con reducción del desarrollo de musgos parietales, toda vez que las bombillas incandescentes proporcionaban tanto el calor como la intensidad y calidad luminosa propia para que se pudiera facilitar la fotosíntesis.

| Estación | Fusarium | Aspergilus n. | Erysosporium | Mucor | Aspegillus t. |
|---|---|---|---|---|---|
| Escaleras | x | | | | |
| Salón Gótico | x | | | | |
| Manto de Colón | x | | | | |
| Confesionario 1 | | x | | | |
| Confesionario 2 | x | | | | |
| Entronque | | | | | |
| Garganta del Tigre | | | x | | |
| Salón Blanco | | | | x | x |
| Baño | | | | x | |

No obstante lo que puede entenderse como ventajas actuales, la alteración del aire interior por la adición de dióxido de carbono, unido a la disminución del flujo percolante tiene un desfavorable impacto en el desarrollo de las formaciones secundarias, toda vez que el aumento de dicho gas disuelto en el vapor de agua aumenta la acidez de este e impide el depósito de carbonato en los techos; en su lugar se propicia el desarrollo de coladas y formaciones de piso, cuando el caudal así lo propicia. Las célebres electitas de Bellamar solo pueden encontrar posibilidades de desarrollo en los sitios donde la proporción clima/caudal es 1:2, mantenidas las condiciones de alta humedad, circulación de aire nula y temperatura estable, fenómeno que solo se alcanza en los puntos extremos no visitados, o en aquellos lugares del sistema cuyo ingreso es puntual y reducido en número, solo al acceso de espeleólogos autorizados. El proceso de construcción de instalaciones en la superficie creó una reducción del área percolante, esto es, aquella que permite la infiltración del agua de superficie. El cálculo de la capacidad de absorción de agua pluvial en una superficie exterior de 3 m$^2$ en el curso de una lluvia de duración regular es de 15 mil a 25 litros, lo que permite explicar la continuidad del goteo cenital, incluso en estaciones de prolongada sequía. La garantía de la continuidad del proceso percolante está dada por el buzamiento estratigráfico de la superficie Bellamar, con buzamiento en 28.9° y 15° en la dirección oeste-este.

Los problemas del mantenimiento y cuidado ambiental de la caverna de Bellamar descansan en el desconocimiento de la administración del centro turístico, cuya versión gastronómica conspira contra el mejor sistema de explotación de la espelunca. El ingreso de grandes volúmenes de público altera sensiblemente el delicado equilibrio del ambiente interior, al punto de provocar daños irreparables. Cabe decir que el dialogo entre conservación y uso no estuvo bien establecido, lo cual se tradujo en un deterioro progresivo del más antiguo de los centros turísticos cubanos en función continua.

# Epílogo

La Cueva de Bellamar puede ser vista hoy desde varias aristas. En cada una de ellas se encontrará el papel protagónico que la cavidad ha desarrollado desde el momento de su descubrimiento, sea por el extraordinario impacto estético que produjo entre los primeros exploradores y visitantes, o por la historia que le corresponde al ser parte de Matanzas. Como elemento natural, la calidad, variedad y abundancia de las formaciones cristalinas excede con mucho lo que contiene cualquiera de las restantes espeluncas cubanas. Los sectores descubiertos en los últimos años compiten en belleza con los más significativos exponentes de las restantes cavidades del mundo. Por su extensión de más de 25 kilómetros, el Sistema Cavernario de Bellamar y la Paleocaverna en particular resulta uno de los mayores del País y está inscripto en el registro de las grandes cavidades del orbe. Ninguna otra cueva cubana ha tenido tantas figuras de relieve en el arte fotográfico internacional bajo sus arcos de piedra.

La actividad turística de la Cueva de Bellamar se ha realizado casi desde el instante de su descubrimiento e incluso antes de que se habilitara el trayecto con las comodidades elementales. Fue uno de los destinos obligados para los visitantes y turistas que llegaban a Cuba, en momentos en que la Isla no tenía ni propósitos ni empresas destinadas para la gran recepción de personas, visto ello como un negocio. Ninguna de las instalaciones turísticas cubanas, contadas hasta la actualidad, ha cumplido durante tanto tiempo una función social tan duradera. Por otra parte, Bellamar valida la tradición matancera de incursionar en sus numerosas espeluncas, costumbre que parece tener sus raíces desde un temprano siglo XVIII. En ningún otro lugar del país tuvo lugar una experiencia de esta naturaleza en lo que respecta al uso y frecuencia de los ambientes naturales como lugares de esparcimiento familiar.

A lo largo del tiempo, se ha podido comprobar que cada persona que ingresa en Bellamar experimenta sentimientos diversos. Para muchos, la complejidad de las formaciones cristalinas es un reto para su capacidad de comprensión. En no pocos casos los propios espeleólogos han debido hacer uso de sus conocimientos para interpretar la naturaleza dinámica de los complejos procesos litogenéticos que tienen lugar en la cavidad. Otros encuentran en el paseo subterráneo una porción de aventura, que sin riesgo para sus vidas o salud, les pone en contacto con lo que puede ser un entorno que ronda los límites extremos.

Un paisaje subterráneo contiene elementos que por conocidos no redunda reiterarlos. En una cueva el elemento mineral es la dominante absoluta. La diversidad de las formas que adopta la piedra, desde la pared estructural hasta el cristal, ambos de la misma naturaleza, es el resultado de la interacción de dos factores: el clima interior y el caudal de agua que ingresa en la espelunca. De esto resulta que una cueva no es un mero vacío abierto como una herida en el seno de la tierra, sino la obra colosal del líquido que lo forma, le define y le aporta su condición particular. La ausencia de luz natural debe suplirse con aquella artificial. Luces y sombras se combinan para crear un escenario que convoca al misterio y la aventura. Detrás del grato paseo siempre pende la vulnerabilidad del ser humano, sujeto del todo ajeno al entorno subterráneo, por más que una parte de su existencia en el planeta haya transcurrido dependiendo del abrigo cavernario.

En toda cueva turística puede hablarse de la "psicología del visitante". Cuando existe un precedente de curiosidad, como aquella que mueve al investigador, el enfrentamiento al medio hipogeo estará subordinado al concepto "descubrimiento". Son pocos los lugares de la Tierra que conservan el privilegio de ser aún terreno inviolado, como sucede con el mar, y esta es la premisa del desempeño del espeleólogo; su conducta, por tanto, contiene los preceptos éticos del cuidado y la preservación de un entorno mucho más frágil de cuanto se le supone. La propia naturaleza incógnita de las cavernas dispersas por todo el mundo les ha ganado que se les considere el "Sexto Continente".

La curiosidad del turista es otra y el modo en que "descubre" es diferente. Espera la excepción por lo que paga. Si posee el concepto de respetar lo que no es su propiedad, el impacto hombre-medio, siempre presente y negativo, tendrá un saldo menos agresivo. En el otro extremo estará el visitante que jamás podrá decodificar la naturaleza del mensaje y su viaje deviene una suerte de divertimento que lo hace ajeno a la verdadera riqueza de la espelunca, más allá del presunto impacto estético.

Al margen de estas consideraciones, la Cueva de Bellamar ha cumplido a lo largo del tiempo un propósito cultural que tributa a una ciudad que es un exponente nacional de la obra culta. Directa o indirectamente ha sido portadora de un mensaje y se ha constituido en un emblema de la Atenas de Cuba, testimonio de lo cual es el concurso humano notable o anónimo que se ha dado cita en ella, y si se ha de creer en la predestinación de las cosas, el vínculo entre Bellamar y el Teatro Sauto es más que un argumento sugerente de los nexos que se crean para hacerse cimientos de la historia, más allá de la voluntad humana. Una prueba de ello es su descubrimiento casual, pero no en cualquier sitio, sino en la propiedad de un hombre, don Manuel Santos Parga, que fue capaz de sentir el impacto del extraordinario paisaje subterráneo y ver en el tiempo lo que podría significar para los demás la creación de un enclave turístico único en su tipo. La Cueva de Bellamar es también en cierto modo un monumento a la memoria de este gallego trascendente y un homenaje a la persistencia, voluntad y carácter de su origen.

Mundo mineral inanimado en fin, Bellamar decursa ajena al hombre. En el seno profundo de sus más recónditos espacios, incluso aquellos nunca antes vistos, la espelunca sigue creando maravillas en las sombras, haciendo cristales fantásticos y diseñando espacios increíbles al golpe milagroso de un escoplo de aguas, como si el tiempo careciera de medida y fuera un universo extrapolado del propio cosmos que lo contiene, intacta en su silencio, su eternidad y su historia.

Grabado del New Harper's Monthly Magazine, Vol. XLI, No. 246, 1865.

# Fuentes consultadas

**Bibliográficas**

Betancourt, José Victoriano. Descripción de la Cueva de Bella Mar en Matanzas, Habana, Imprenta El Progreso, 28 pp. 1863.

Guiteras, Eusebio. Guía de las Cuevas de Bellamar. Matanzas, 1863, 27 pp.

Hazard, Samuel. Cuba with pen and pencil. Harford Publishing Company, 1871.

Hazard, Samuel. Cuba a Pluma y Lápiz. Colección de Libros Cubanos. Cultural S.A. La Habana, Vol. VII, T. 2, 1928, p. 104.

Núñez Jiménez, Antonio. La Cueva de Bellamar. Tesis presentada en la Universidad de La Habana para optar por el título de Doctor en Filosofía y Letras. Separata de la Revista de la biblioteca Nacional. 1952, 160 pp.

Núñez Jiménez, Antonio. Humboldt, espeleólogo precursor. Reimpresión del INRA, 1960, 42 pp.

Santos Chocano, José. Poesías. Colección Panamericana. N° 26. W. M. Jackson Inc. Editores. Buenos Aires, 1946, Segunda Edición, pp. 237-40.

Torres Cuevas, Eduardo. Selección, Introducción y notas a "Obispo Espada. Ilustración, Reforma y Antiesclavismo". Palabra de Cuba. Editorial de Ciencias Sociales, La Habana, 1990, pp. 186-9.

Vento Canosa, Ercilio. El Alma de la Ciudad. Ediciones Matanzas, 2001.

**Fuentes periódicas**

La Aurora del Yumurí
> 2 de junio de 1861, Sección Gacetillas, p. 2.
> Gacetillas. Martes 7 de enero de 1862.
> Gacetillas. Jueves 10 de julio de 1862.
> Agosto de 1862.
> Domingo 23 de noviembre de 1862.
> Domingo 23 de noviembre de 1862. Sección económica.
> Diciembre 30 de 1862. Gacetillas.
> Martes 23 de febrero de 1864.
> 23 de marzo de 1864.
> 24 de marzo de 1864.
> 27 de marzo de 1864.

Matanzas. Revista Artística y Literaria
> Escalona, M. S. ¿Quién descubrió la Cueva de Bellamar? Año VI, No. 1, enero-abril de 2005, pp. 59-51.

New Harper's Monthly Magazine
> Vol. XLI, No. 246, 1865.

Periódico El Republicano
> Rey Chilía, E. y Antonio Núñez Jiménez. De la Sociedad Espeleológica de Cuba al Dr. Treserra. Matanzas, 22 de abril de 1949.
> Treserra, J. A. Las Cuevas de Bellamar. Matanzas, sábado 16 de abril de 1949.
> Treserra, J. A. "El Lago de las Dalias". Lunes 25 de abril de 1949.

Revista MIL
> Treserra, J. A. Año 1, No. 6, sept. 1ro de 1943, p. 14.
> Guiteras, E. Año 3, N°. 1, abril de 1945.
> Año 4, No. 3 – 7.
> Betancourt, J. V. Año 5, mayo-noviembre de 1947, p-3.
> Treserra, J. A. La Tragedia de Bellamar.

## Fuentes documentales

Archivo Histórico Provincial de Matanzas
      Actas Capitulares de la Ciudad de Matanzas. 1860-1890.
      Libros de hipotecas de fincas. No. 16, Folio 49, Partida
      137, Folio 395, Partida 1840, No. 17, Folio 78, Partida
      400. En nota. Santa Ana L 4, Folio 235, No. 149, Y 1°.
      Libro de hipotecas de fincas, No.16. 4 de enero de 1854
      al 5 de junio de 1858, Folio 49. Partida 137.
      Libro de hipotecas de fincas No. 17. 6 de Junio de 1858
      al 22 de Enero de 1862, Folio 78. Partida 400.

Cementerio de san Carlos de Matanzas
      Libros de Registro. Libro 3, Pág. 357 v, no. 2434.
      Libro 5. Pág. 61. no. 230.
      Libro 5, Pág. 67, no. 255.
      Libro 6, Pág. 190, no. 909.

Proposición de Ley presentada a la Cámara por el Representante
      Dr. José Agustín del Toro, creando una Comisión Local
      para la Administración de las Cuevas de Bellamar.

Registro de la Propiedad, 1908.

Teijido, Domingo y Rosa E. Gallart. Gallegos en la Matanzas
      subterránea. Ensayo inédito. 2011.

Libros de visitantes de las Cuevas de Bellamar, 1903, 1911, 1912,
      1913, 1914.

# Anexos

Única fotografía conocida de Manuel Santos Parga.

Un aspecto de las edificaciones, hoy desparecidas, en los principios del siglo XX.

## Partidas de bautismos, matrimonios y defunción:

**ARCHIVO HISTÓRICO
DIOCESANO
TUI**

Don Avelino Bouzón Gallego, director del Archivo Histórico Diocesano de Tui,

CERTIFICA: Que en el Libro XX de Bautizados de la parroquia de El Sagrario de la Santa Iglesia Catedral de Tui, depositado en el Archivo arriba mencionado, folio 157 vuelto, obra la partida de Josefa Agustina Verdugo de la Secada, que transcribe literalmente:

Nota marginal: "Josefa Agustina de D$^n$. Manuel Verdugo, y de D$^a$. María de la Encarnación de la Secada = Tuy".

Cuerpo: "En el día treinta de marzo de mil ochocientos cuarenta y uno, D$^n$. Prudencio Troncoso Capellán de la Santa Iglesia Catedral de la ciudad de Tuy con licencia del Señor Cura Párroco de la misma D$^n$. Domingo Antonio Gregores, bautizó solemnemente una niña, que nació en el mismo día, y pusole por nombre Josefa Agustina, hija legítima de D$^n$. Manuel Verdugo, y de D$^a$. María de la Encarnación de la Secada. Abuelos paternos: D$^n$. Domingo Verdugo, y D$^a$. Teresa Rodríguez, vecinos de esta ciudad. Maternos: D$^n$. Manuel de la Secada, y D$^a$. Francisca Solano, vecinos de Tarma en América, y el natural de la ciudad de Santander. Fueron sus padrinos: D$^n$. Agustín Pérez García, y D$^a$. Josefa González Domínguez, vecinos de esta dicha ciudad. Advertioles el parentesco espiritual y más obligaciones. Y para que conste lo firmo como Cura Párroco en Tuy fecha Ut Supra = D$^n$. Domingo Antonio Gregores [rubricado]".

Para que surta los efectos oportunos, firma y sella en Tui, a 23 de agosto de 2006.

# DIOCESIS DE MATANZAS
## CUBA

Parroquia de : "SAN CARLOS BORROMEO"-CATEDRAL

Libro : OCHO ( 8 ) DE BLANCOS

Folio : 165

Número : 615

NOTAS MARGINALES :

No. 615 .-.
DESP.- VEL.-
MAN. SANTOS PARGA Y
JOSEFA AGUST. VERDU-
GO.- ****************

FECHA :
Día : 17
Mes : OCTUBRE
Año : 2005

CERTIFICACION LITERAL DE LA PARTIDA DE :

__ BAUTISMO
X MATRIMONIO

CERTIFICO : Que según consta en el correspondiente Libro, se encuentra asentada la siguiente partida, la cual, literalmente dice así :

TEXTO :"EN LA IG.PARROQUIAL DE TERMINO DE S.CARLOS DE MATANZAS, EN OCHO DE ENERO DE MIL OCHOCIENTOS SESENTA Y UNO; HABIENDO PRECEDIDO LAS DILIGENCIAS PR. ANTE EL NOT. ECCO. D.FERNANDO SISCHKA Y LAS DE ESTILO ANTEMI; DISPENSADAS LAS TRES CANONICAS AMONESTACIONES PR. EL ESCMO. E ILTMO.SR.OBISPO DIOCESANO: CONFESADOS, COMULGADOS E INSTRUIDOS EN EL SACRAMENTO QUE IBAN A RECIBIR, Y CON LICENCIA SUPERIOR: YO PBRO.DN.RAMON MASEDA, CURA PCO. PR. S.M. DE ESTA CITADA PARROQUIAL, DESPOSE PR.PALA-BRAS DE PRESENTE Y ASIMISMO VELE SEGUN ORDEN DE NTRA.STA.MADRE IG. A D.MANUEL SANTOS Y PARGA, NA-TURAL DE STA.MARIA DE VIVEIRO, PROVINCIA DE MON-DOYEDO, HIJO DE D.BALTASAR Y DA.MANUELA PARGA Y A DA.JOSEFA AGUSTINA VERDUGO, NATURAL TUY EN LA PROVINCIA PONTEVEDRA, HIJA DE D.MANUEL Y DE DA. ENCARNACION SECADA: AMBOS CONTRAYENTES SOLTEROS Y DE ESTE VECINDARIO.- HABIENDOLES PREGUNTADO Y TENIDO PR. RESPUESTA SU MUTUO CONSENTIMIENTO: FUERON TESTIGOS DN.FELIX DAVALOS Y D.ANTONIO PE-RIA, Y PADRINOS DN.CAMILO ACOSTA Y DA.ANGELA RO-QUE DE ESCOBAR, Y LO FIRME=L.RAMON MASEDA".

CURA PARROCO

Los presentes datos son copia FIEL Y EXACTA de su original expedidos a petición de parte interesada y para que conste firmo y sello.

Se expide conforme a la legislación vigente.

DIOCESIS DE MATANZAS

## CERTIFICACIÓN DE BAUTISMO

PARROQUIA DE:

"SAN CARLOS BORROMEO"
CATEDRAL-MATANZAS

LIBRO 30 DE BLANCOS

FOLIO 39 v

NÚMERO 194

NOTAS MARGINALES:

NO CONTIENE

PBRO. FRANCISCO CAMPOS FERNÁNDEZ ***************

CURA PARROCO *******************************

DE "SAN CARLOS BORROMEO" - CATEDRAL ***********

CERTIFICO

Que según consta en el correspondiente Libro, se encuentra asentada la siguiente partida cuyos datos esenciales son:

NOMBRE: JOSE MANUEL ***********************

Fecha de bautismo 19 DE MARZO DE 1862 **************

Fecha de nacimiento 30 DE NOVIEMBRE DE 1861 ***********

Lugar de nacimiento : *********************************

Hijo(a) MANUEL SANTOS PARGO ***************

JOSEFA VERDUGO ****************** y-

Naturales de GALICIA *************************

Abuelos paternos BALTASAR Y MANUELA PARGO DEL SOLAR*

Abuelos maternos MANUEL Y ENCARNACION DE LA LECADA**

Padrino: JOSE MARIA SANTOS PARGA ***********

Madrina: CARMEN VERDUGO DE LA LECADA *******

Ministro del Sacramento CANDIDO STO. OLALLA *********

Expedido a petición de la parte interesada, para que conste lo firmo.

11 de OCTUBRE de 2006

Firma del Presbítero

DIOCESIS DE MATANZAS

## CERTIFICACION DE BAUTISMO

PARRÓQUIA DE:

San Juan Bautista
Pueblo Nuevo

LIBRO 5 de blancos

FOLIO 120

NÚMERO 1051

NOTAS MARGINALES:

No contiene.

PBRO. Jairo Restrepo Abad

CURA Párroco

DE San Juan Bautista, de Pueblo Nuevo.

CERTIFICO
Que según consta en el correspondiente Libro, se encuentra asentada la siguiente partida cuyos datos esenciales son:

NOMBRE: Josefa Isabel Pargas

Fecha de bautismo 19 de Marzo de 1868

Fecha de nacimiento 19 de Noviembre de 1867

Lugar de nacimiento : -- -- --

Hijo(a) Manuel Santos Parga y-
Josefa Berdugo de la Secada

Naturales de Pueblo de Vivero en Galicia y Tuy en Galici

Abuelos paternos Baltazar Santos y Manuela Parga del Solar

Abuelos maternos Manuel y Encarnación de la Secada

Padrino: José Carreño

Madrina: María del Carmen Verdugo

Ministro del Sacramento Ramón Pellón y Gándara

Expedido a petición de la parte interesada, para que conste lo firmo

12 de Octubre de 2006

Firma del Presbítero

DIOCESIS DE MATANZAS

## CERTIFICACIÓN DE BAUTISMO

PARROQUIA DE:

San Juan Bautista
Pueblo Nuevo

LIBRO 6 de blancos

FOLIO 182

NÚMERO 1268

NOTAS MARGINALES:

No contiene.

PBRO. Jairo Restrepo Abad

CURA Párroco

DE San Juan Bautista, de Pueblo Nuevo.

CERTIFICO
Que según consta en el correspondiente Libro, se encuentra asentada la siguiente partida cuyos datos esenciales son:

NOMBRE: Maria de los Dolores Pargas y Verdugo

Fecha de bautismo 24 de Junio de 1869

Fecha de nacimiento 12 de Marzo de 1869

Lugar de nacimiento: -- -- --

Hijo(a) Manuel Santos Pargas y-
Josefa Verdugo

Naturales de Galicia

Abuelos paternos Baltazar y Manuela Pargas del Solar

Abuelos maternos Manuel y Encarnación de la Secada

Padrino: Juan Badía

Madrina: Maria Martín

Ministro del Sacramento Ramón Pollón y Gándara

Expedido a petición de la parte interesada, para que conste lo firmo.

12 de Octubre de 2006

Firma del Presbítero

# DIOCESIS DE MATANZAS
## CUBA

**Parroquia de :** San Juan BautistaPueblo Nuevo

**Libro :** 6 defunciones de blancos

**Folio :** 338

**Número :** 706

**NOTAS MARGINALES :**

No contiene.

**FECHA :**
**Día :** veinticinco
**Mes :** Octubre
**Año :** dos mil seis

**CERTIFICACION LITERAL DE LA PARTIDA DE :**
Manuel Santos y Parga      71 as. viudo

___ BAUTISMO
___ MATRIMONIO
_X_ DEFUNCIÓN

**CERTIFICO :** Que según consta en el correspondiente Libro, se encuentra asentada la siguiente partida, la cual, literalmente dice así :

**TEXTO :**

El día veinte y dos de Noviembre de mil ochocientos ochenta y cuatro: Yo Pltro.D.Ambrosio Bueno Moro,Cura interino de la Iglesia de San Juan Bautista de Matanzas ordené se diese sepultura eclesiástica en el cementerio general de San Carlos de esta Ciudad,entrando de nicho, según oficio del Sr.Juez de primera Instancia del distrito Norte al cadaver de D.Manuel Santos natural de Vivero provincia de la Coruña y vecino de esta de setenta y un años de edad,hijo legitimo de D.Baltasar y de Da.Manuela Parga de estado viudo de Da.Josefa Verdugo de la Socada deja por sucesión legítima cuatro hijos llamados D.Manuel D.Justo D.Angel y Da.Maria Josefa el cual falleció ayer a consecuencia de heridas que recibió,según certificación del médico y Sr.Casalín y lo firmé
                                     D.Ambrosio Bueno


              Jairo Restrepo Abad
              Párroco


Los presentes datos son copia FIEL Y EXACTA de su original expedidos a petición de parte interesada y para que conste firmo y sello.

Se expide conforme a la legislación vigente.

Firma del Presbitero

# DIOCESIS DE MATANZAS
## CUBA

**Parroquia de :** San Juan Bautista, Pueblo Nuevo

**Libro :** Defunciones

5 de blancos

**Folio :** 435

**Número :** 1257

**NOTAS MARGINALES :**

No contiene

**FECHA :**
**Día :** doce
**Mes :** Octubre
**Año :** dos mil seis

CERTIFICACION LITERAL DE LA PARTIDA DE :

Josefa Verdugo de Santos Parga de 39 años (casada)

___ BAUTISMO
___ MATRIMONIO
_X_ DEFUNCIÓN

**CERTIFICO :** Que según consta en el correspondiente Libro, se encuentra asentada la siguiente partida, la cual, literalmente dice así :

TEXTO :

En diez de Febrero de mil ochocientos ochenta y dos años. Yo el Pbtro.D.Lino Horcada y Cambra Capellán de Honor Honorario de S.M. Cura Párroco interino ,de la Iglesia de San Juan Bautista de Matanzas ordenó - se diese sepultura eclesiástica en el cementerio general de San Carlos de esta Ciudad al cadaver de la adulta Da.Josefa Verdugo de Santos Parga,de treinta y nueve años de edad natural de Galicia, hija legiti ma de Da.Manuel y de Da.María Encarnación de la Seca da, casada con Dn.Manuel Santos Parga de cuyo matri monio deja cinco hijos llamados Manuel, Justo, Angel María Josefa y Dolores. No hizo testamento. Recibió los Santos Sacramentos de Penitencia y Eucaristía.- Falleció en el día de hoy a consecuencia de una Ci-- rrosis del hígado según certificado del Dr.Mas.Y en fé de ello lo firmo.

Lino Horcada

Jairo Restrepo Abad
Párroco

Los presentes datos son copia FIEL Y EXACTA de su original expedidos a petición de parte interesada y para que conste firmo y sello.

conforme a la legislación vigente.

Firma del Presbítero

## DIOCESIS DE MATANZAS
## CUBA

**Parroquia de :** San Juan Bautista, Pueblo Nuevo

**Libro :** 6 defunciones de blancos

**Folio :** 660

**Número :** 1345

**NOTAS MARGINALES :**

No contiene.

**FECHA :**
**Día :** veintisiete
**Mes :** Octubre
**Año :** dos mil seis

---

**CERTIFICACION LITERAL DE LA PARTIDA DE :**

D. Angel Santos y Verdugo    Salto. 22 años

__ BAUTISMO
__ MATRIMONIO
_X_ DEFUNCIÓN

**CERTIFICO :** Que según consta en el correspondiente Libro, se encuentra asentada la siguiente partida, la cual, literalmente dice así :

**TEXTO :**

El diez de Diciembre de mil ochocientos ochenta y siete Yo Parto. Dn. Ambrosio Bueno y Moro, Cura interino - de la Iglesia Parroquial de San Juan Bautista de la - Ciudad de Matanzas Provincia de idem. Diocesis de la-- Habana, Hice las exequias como dispone el Ritual Roma no y mande dar sepultura eclesiástica en el Cementeri o de San Carlos al cadaver de Dn. Angel Santos Verdugo de viente y dos años de edad natural y vecino de esta Ciudad y feligresia soltero, del Comercio hijo legiti mo de Dn. Manuel y Da. Josefa ya difuntos. No recibió ningun sacramento, falleció en el dia de hoy á las dos de la mañana de tisis pulmonar segun consta en la car ta oficio que se me escribió. Y para que conste lo -- firmo. Fecha ut supra

Ambrosio Bueno

Jairo Restrepo Abad
Parroco

---

Los presentes datos son copia FIEL Y EXACTA de su original expedidos a petición de parte interesada y para que conste firmo y sello.

Se expide conforme a la legislación vigente.

Firma del Presbítero

# DIOCESIS DE MATANZAS
## CUBA

**Parroquia de :** San Juan
Bautista Pueblo Nuevo

**Libro :** 6-defunciones
de blancos

**Folio :** 338

**Número :** 705

**NOTAS MARGINALES :**

No contiene.

**FECHA :**
**Día :** veintisiete
**Mes :** Octubre
**Año :** dos mil seis

CERTIFICACION LITERAL DE LA PARTIDA DE :
D.José Antonio Vazquez y Johanes  24 as.  Limosna
oficio
___ BAUTISMO
___ MATRIMONIO
X_ DEFUNCIÓN

CERTIFICO : Que según consta en el correspondiente
Libro, se encuentra asentada la siguiente
partida, la cual, literalmente dice así :

TEXTO :

El día veinte y dos de Noviembre de mil ochocientos-
ochenta y cuatro.Yo Pbtro.Dn.Ambrosio Bueno Mora Cura interino de la Iglesia de San Juan Bautista de Ma
tanzas ordene se diese sepultura eclesiástica en el-
cementerio general de San Carlos de esta Ciudad según
oficio del Sr.Juez de Primera Instancia del distrito
norte al cadaver de Dn.Jose Antonio Vazquez y Johanes
conocido por el Corruñes natural de la Coruña de veinte y cuatro años de edad, el cual falleció ayer a-
consecuencia de proyectil de arma de fuego según cer
tificación del médico Sr.Casalin. No dieron más razon
y lo firmo
Ambrosio Bueno

Jairo Restrepo Abad
Parroco

Los presentes datos son copia FIEL Y EXACTA de su
original expedidos a petición de parte interesada y para que
conste firmo y sello.

Se expide conforme a la legislación vigente.

Firma del Presbitero

## DIOCESIS DE MATANZAS
## CUBA

Parroquia de : San Juan Bautista Pueblo Nuevo

Libro : 6 de Cuarismas de blancos

Folio : 338

Número : 704

NOTAS MARGINALES :

No contiene.

FECHA :
Día : veintisiete
Mes : Octubre
Año : dos mil seis

CERTIFICACION LITERAL DE LA PARTIDA DE :

Ignacio Roselló y Farran — 26 á 27 As. soltero Limosna oficio

__ BAUTISMO

__ MATRIMONIO

x DEFUNCIÓN

CERTIFICO : Que según consta en el correspondiente Libro, se encuentra asentada la siguiente partida, la cual, literalmente dice así :

TEXTO :

El día veinte y dos de Noviembre de mil ochocientos ochenta y cuatro. Yo Pbtro., Dn. Ambrosio Bueno Moro, Cura interino de la Iglesia de San Juan Bautista de Matanzas ordené se diese sepultura eclesiástica en el Cementerio general de San Carlos de esta Ciudad según oficio del Sr. Juez de Primera Instancia, del distrito Norte al cadaver de Dn. Ignacio Roselló y Farran natural de Sorral provincia de Tarragiona y vecino de esta soltero de veinte y seis á veinte y siete años de edad, hijo de Dn. Jaime y de Da. Maria el cual falleció ayer á consecuencia de Heridas de proyectil de armada de fuego según certificación del medico Sr Casalin Y lo Firmo

Ambrosio Bueno;.

... o Restrepo Abad
Parroco

Los presentes datos son copia FIEL Y EXACTA de su original expedidos a petición de parte interesada y para que conste firmo y sello.

Se expide conforme a la legislación vigente.

Firma del Presbítero

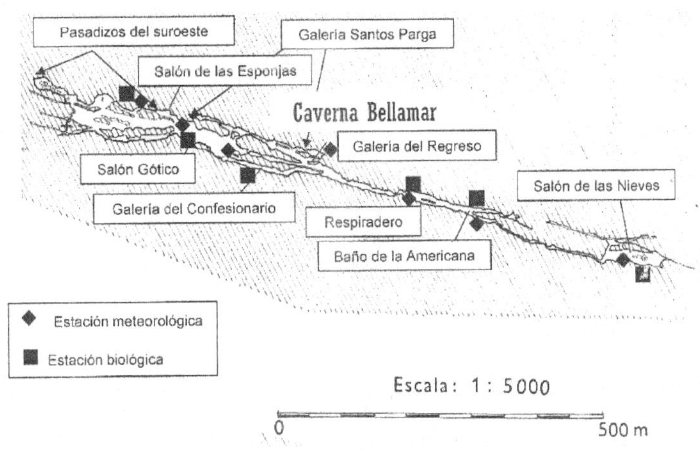


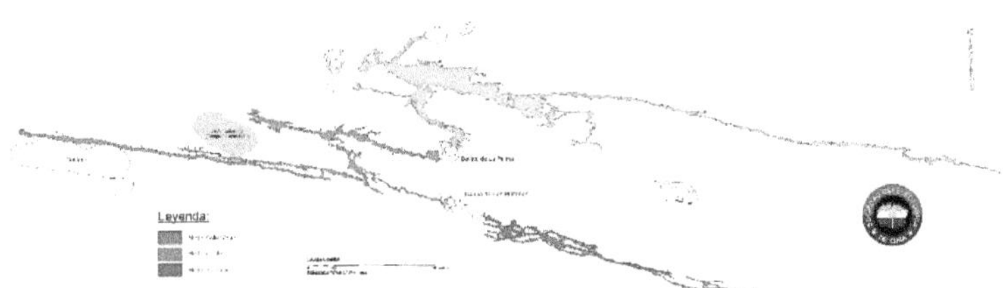


Cartografía de la planta general de la Paleocaverna: Grupo Espeleológico Félix Rodríguez de la Fuente, Comité Espeleológico de Matanzas, Sociedad Espeleológica de Cuba.

Fotografías por Dave Bunell, Keyvin Downey, Esteban Grau, Antonio Danielli y Ercilio Vento.

Salón de las Esponjas y las Rejas. Galerías occidentales. Sector caverna Bellamar.

Salón de las Esponjas. Galerías occidentales. Sector caverna Bellamar.

Formaciones del 5to. Nivel. Sector caverna Bellamar.

Galería de Los Enanos, Galerías occidentales. Sector caverna Bellamar.

Lámparas del sector caverna El Jarrito.

Formaciones. Sector caverna El Jarrito.

Formaciones. Sector caverna El Jarrito.

Formaciones. Sector caverna Bellamar.

Fósil marino: Cardium sp. Sector caverna Bellamar.

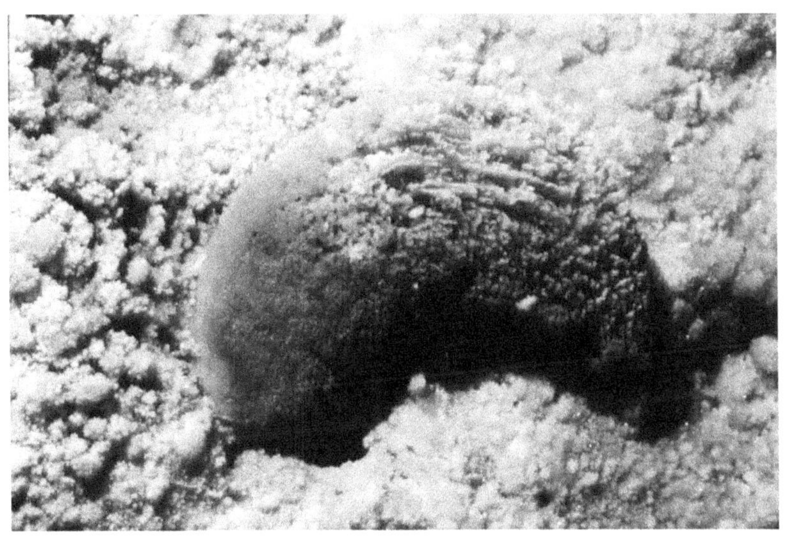

Fósil marino: Clypeaster sp. Sector caverna Bellamar.

Formaciones. Sector caverna Bellamar.

Escrituras de nombres y fechas sobre las formaciones cristalinas.

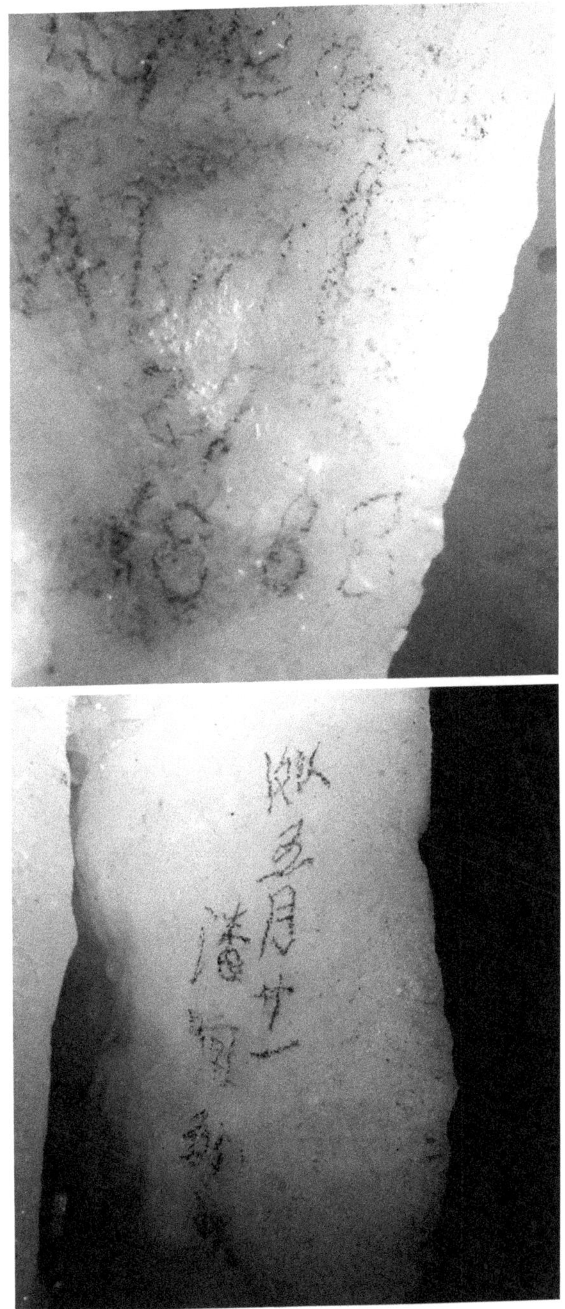

Escrituras de nombres y fechas sobre las formaciones cristalinas.

# ÍNDICE